中华人民共和国
交 通 运 输 部

全球环境基金

世界银行

城市群生态综合交通发展项目

——综合客运枢纽节能减排效果评估方法与实践

本书编委会 编著

人民交通出版社股份有限公司
China Communications Press Co.,Ltd.

内 容 提 要

本书共分7章。其主要内容包括：概述交通运输行业节能减排、综合客运枢纽节能减排、综合客运枢纽节能减排效果评估的背景与意义；介绍亚洲、欧洲、美洲一些国家的综合客运枢纽节能减排最佳实践；阐述综合客运枢纽节能减排原理及评估的方法、监测技术框架的建立、监测调研方案；分析综合客运枢纽节能减排评估方法在湖南长沙黎托和湘江新区两综合客运枢纽的应用案例及其节能减排效果；提出对综合客运枢纽节能减排建设的建议以及对综合客运枢纽节能减排评价方法后续研究方向的设想。

图书在版编目（CIP）数据

综合客运枢纽节能减排效果评估方法与实践：汉、英／《综合客运枢纽节能减排效果评估方法与实践》编委会编著．—北京：人民交通出版社股份有限公司，2016.6

ISBN 978-7-114-13062-5

Ⅰ.①综… Ⅱ.①综… Ⅲ.①综合运输—旅客运输—枢纽站—节能—技术评估—汉、英 Ⅳ.①U115

中国版本图书馆CIP数据核字(2016)第123845号

书　　名：综合客运枢纽节能减排效果评估方法与实践
著 作 者：本书编委会
责任编辑：杨丽改　钟　伟
文字编辑：张　洁　闫吉维
出版发行：人民交通出版社股份有限公司
地　　址：(100011)北京市朝阳区安定门外外馆斜街3号
网　　址：http://www.ccpress.com.cn
销售电话：(010)59757973
总 经 销：人民交通出版社股份有限公司发行部
经　　销：各地新华书店
印　　刷：中国电影出版社印刷厂
开　　本：787×960　1/16
印　　张：11.25
字　　数：233千
版　　次：2016年6月　第1版
印　　次：2016年6月　第1次印刷
书　　号：ISBN 978-7-114-13062-5
定　　价：100.00元

北京能环科技发展中心

本研究为

中华人民共和国交通运输部

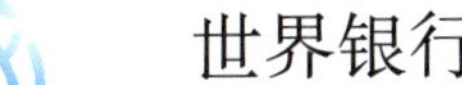

世界银行

合作项目

本书出版由全球环境基金资助

本书是由编者根据全球环境基金支持项目（城市群生态综合交通发展项目）及在中华人民共和国交通运输部领导下撰写完成。

书中的研究成果、翻译及所阐述的结论并不代表全球环境基金或交通运输部的政策观点。

全球环境基金不保证此书中的数据或翻译的精确度，并不对使用这些数据或资料所产生的任何后果负责。

使用书中部分或全部内容的有关事宜可以通过出版社联系。

本书编委会

致　　谢

本研究课题是在交通运输部直接领导下，通过国家有关部委，在各省交通运输厅和试点城市的积极支持和配合下，由中外专家密切合作、共同努力完成的。现将主要研究成果出版发行，供读者参考。在此，对所有为本研究作出贡献的单位和个人致以衷心的感谢。

一、全球环境基金生态综合交通发展项目指导委员会

主　　任：孙国庆　原交通运输部综合规划司司长

常务副主任：于胜英　交通运输部综合规划司巡视员（正司级）

副 主 任：肖文伟　湖南省交通运输厅副厅长

徐湘平　湖南省长株潭“两型办”主任

委　　员：范振宇　交通运输部综合规划司副司长

何寄华　长沙市副市长

何剑波　株洲市副市长

吴晓月　湘潭市副市长

二、全球环境基金生态综合交通发展项目管理办公室

夏　红　主任/项目管理专家

董　焰　规划专家

邵春福　综合运输政策专家

周戈平　采购专家

刘荣方　财务管理专家

胡强强　外部环境监督跟踪专家

王海民　移民安置监督跟踪专家

赖怀福　技术支持专家

单静涛　知识传播专家

胡芳芳　项目助理

三、课题研究组

外方专家：

贺　为　　节能减排专家

徐力彤　　节能减排监测与评估专家

中方专家：

康艳兵　　课题组组长　节能减排专家

刘　昕　　节能减排监测与评估专家

前　言

交通行业的节能减排是世界各国普遍关心的热点。许多国家的经验表明，城市规划和交通综合客运枢纽的建设对推动交通运输进步、降低交通运输碳排放具有重要的贡献。

基于世界银行/全球环境基金与中国交通运输部合作项目“中国城市群生态综合交通发展”的研究成果，本书以湖南省长沙市的黎托和湘江新区两个综合客运枢纽为研究案例，创新提出了综合客运枢纽节能减排原理以及评估的方法、监测技术框架的建立、监测调研方案；依据综合客运枢纽节能减排评估方法，对综合客运枢纽的节能减排建设提出了建议。同时，书中还介绍了亚洲、欧洲、美洲一些国家的综合客运枢纽节能减排最佳实践。

本书内容共分7章。其主要包括：概述交通运输行业节能减排、综合客运枢纽节能减排、综合客运枢纽节能减排效果评估的背景与意义；介绍亚洲、欧洲、美洲一些国家的综合客运枢纽节能减排最佳实践；阐述综合客运枢纽节能减排原理及评估的方法、监测技术框架的建立、监测调研方案；分析综合客运枢纽节能减排评估方法在湖南长沙黎托和湘江新区两综合客运枢纽的应用案例及其节能减排效果；提出对综合客运枢纽节能减排建设的建议以及对综合客运枢纽节能减排评价方法后续研究方向的设想。

“十三五交通运输科技发展规划”提出要进一步推进交通行业节能减排环保领域的发展，对我国交通综合客运枢纽基础设施建设、节能减排监测与评估和枢纽的服务能力设定了新的要求。本书是国内交通运输行业对综合客运枢纽首个开展节能减排效果评估的研究成果，诚恳希望本书的内容能够带给读者一些启迪。由于时间仓促能力有限，本书不可避免地存在缺陷，真诚欢迎读者批评指正。

本书编委会

2016 年 5 月

目　　录

第 1 章　概述 …… 1
1.1　交通运输行业节能减排的重要意义 …… 2
1.2　综合客运枢纽节能减排背景 …… 2
1.3　综合客运枢纽节能减排效果跟踪评估简介 …… 3

第 2 章　综合客运枢纽节能减排国际最佳实践 …… 5
2.1　南美及亚洲国家综合客运枢纽节能减排案例 …… 6
2.2　欧洲综合客运枢纽节能减排案例 …… 8
2.3　美国综合客运枢纽节能减排案例 …… 10

第 3 章　综合客运枢纽节能减排评估方法 …… 15
3.1　交通运输行业节能减排评估方法综述 …… 16
3.2　综合客运枢纽节能减排原理 …… 16
3.3　综合客运枢纽节能减排评估方法 …… 17
3.4　碳减排监测技术框架建立 …… 17
3.5　碳减排监测调研方案 …… 23

第 4 章　评估案例研究——黎托综合客运枢纽站 …… 27
4.1　黎托综合客运枢纽工程简介 …… 28
4.2　评估时间节点划分 …… 29
4.3　基线排放计算 …… 30
4.4　黎托综合客运枢纽现场调研 …… 33
4.5　黎托综合客运枢纽 2014 年温室气体排放计算 …… 33
4.6　黎托综合客运枢纽 2015 年温室气体排放计算 …… 35
4.7　黎托综合客运枢纽 2016 年温室气体排放计算 …… 42
4.8　黎托综合客运枢纽站节能减排效果评价 …… 45

5

第 5 章　评估案例研究——湘江新区综合客运枢纽站 …… 49
5.1　长沙湘江新区综合客运枢纽工程简介 …… 50
5.2　评估时间节点划分 …… 52
5.3　基线排放计算 …… 52
5.4　湘江新区综合客运枢纽现场调研 …… 54
5.5　湘江新区综合客运枢纽温室气体排放计算 …… 55
5.6　湘江新区综合客运枢纽站节能减排效果评价 …… 59

6

第 6 章　对综合客运枢纽节能减排的建议 …… 63
6.1　扩大应用建筑节能技术 …… 64
6.2　优化运营结构 …… 64
6.3　积极推行 TOD 模式 …… 65
6.4　完善基础设施配套建设 …… 66
6.5　完善综合交通枢纽的“铁—空—公—轨”对接 …… 66
6.6　强化枢纽内部各种交通方式的联合运营管理 …… 66
6.7　提高客流的换乘效率 …… 67

7

第 7 章　综合客运枢纽节能减排效果评估研究设想 …… 69
7.1　本研究的客观局限性 …… 70
7.2　后续研究设想 …… 71

附件　设计调研问卷 …… 72
参考文献 …… 74
索引 …… 75

第1章 概述

1.1 交通运输行业节能减排的重要意义

随着全球社会经济的发展、人口的剧增、城镇化步伐的加快,世界气候面临越来越严重的挑战,二氧化碳(CO_2)排放量越来越大,地球臭氧层正遭受前所未有的危机,全球灾难性气候现象屡屡出现,已经严重危害到人类的生存。

全球碳项目(Global Carbon Project, GCP)发布的《2015 年全球碳预算报告》[1]显示,2014 年全球化石燃料及工业 CO_2 排放量较 2013 年增长了 0.6%,达 9.8GtC(1GtC 为 10 亿 t 碳),较 1990 年(即《京都议定书》[2]规定的排放量计算基线年)增长了 60%。我国正处在快速工业化、城镇化阶段,可以预见,能源消费和温室气体排放在较长的一段时间内还将保持高速增长,而国际社会气候变化的博弈趋势将导致我国承受的减排压力越来越大。2015 年 9 月 25 日,中美元首气候变化联合声明提出,中国到 2030 年单位国内生产总值 CO_2 排放将比 2005 年下降 60% ~65%,到 2020 年大中城市公共交通占机动化出行比例达到 30%,大力推进生态文明建设,推动绿色低碳、气候适应型和可持续发展。

作为化石燃料消费的重点行业,交通运输业是温室气体和大气污染物的重要排放源。2010 年我国交通运输业的能耗约占全社会总能耗的 9%,实际能耗仅次于制造业。据交通运输部在“2010 中国绿色产业和绿色经济高科技高峰论坛”上透露,我国交通运输业 CO_2 排放量呈提高趋势。如何完成“到 2030 年单位国内生产总值 CO_2 排放将比 2005 年下降 60% ~65%”的国家目标,交通运输业作为三大主要碳源之一,节能减排任务重大。因此,寻求交通运输业温室气体减排,推进低碳交通运输对于环境保护和交通可持续发展具有重要的意义。

1.2 综合客运枢纽节能减排背景

在交通运输行业,无论是交通工具的生产、使用、维护,还是交通基础设施的规划布局、建设、维护和运营管理,乃至出行者的出行行为等,都涉及碳排放,都需要用“低碳化”的理念予以改造和优化。所以,低碳交通建设是一个复杂的过程,涉及交通网络结构、土地利用、客货运结构、新技术的应用和交通管理等各方面的内容,采取的主要措施可分为技术性减碳和管理性减碳两方面。

技术性减碳措施有:大力发展新能源汽车;大力推广传统机动车的节能、节油技术;积极发展生物燃料技术;大力发展电力机车,合理使用内燃机车,逐步淘汰蒸汽机车等。

管理性减碳措施,参照发达国家和地区的经验,有如下几方面:

(1)调整运输结构,合理配置公路、铁路、民航和水运的比例。大力发展铁路、水运、公共交通等节能低碳型交通方式,形成环境友好的交通出行模式。

(2)发展公共交通,改善交通组织方式。公共大客车单位运输量的 CO_2 排放仅为私人汽车的30%左右,轨道交通的排放量更低,因此,大力发展公共交通非常有助于实现交通的节能减排。

(3)采用智能交通系统,缓解交通拥堵。通过采用道路交通情报通信系统(VICS,Vehicle Information and Communication System)、电子不停车收费系统(ETC,Electronic Toll Collection)等智能交通技术,提高车辆行驶速度,减少交通拥挤状况,进而提高燃油效率,实现交通减排。

综合客运枢纽是指在客运网络的特定节点上,将多种运输方式及城市交通的转换场所集中布设,综合运用现代先进技术手段(硬件与软件),使各种旅客运输方式的设施装备、运输作业、技术标准、信息传输、组织管理等在物理和逻辑上无缝衔接而形成的一体化运输转换系统。城市客运交通枢纽是城市交通系统中的重要节点,是连接人们各种交通出行行为的纽带,是交通出行链的重要环节。以航空、铁路等城市大型交通设施为主,配套设置轨道交通车站、公交枢纽站、社会停车场库、出租汽车营业站等市内交通设施的大型客运交通枢纽,在城市客运交通枢纽体系中具有重要的作用和地位。

建设综合客运枢纽是公认的具有综合节能作用的管理技术措施之一。一方面,综合客运枢纽可以将各种交通方式的换乘紧密结合,缩短换乘距离,提高出行效率,让人民更倾向于选用公共交通这种节能、便捷的出行方式;另一方面,在综合客运枢纽内部设置便民措施或者在枢纽周边设置办公、娱乐等大型设施,可以很好地消纳客流,节约出行时间,减少交通出行量,提高"公共交通+步行"出行方式的吸引力。

1.3 综合客运枢纽节能减排效果跟踪评估简介

建设综合客运枢纽对推动城市的可持续发展、推进节能减排具有重要意义。然而,中国目前还没有监测评价综合客运枢纽节能减排效果的成熟方法,为此,编撰本书的专家团队开展了对综合客运枢纽节能减排效果跟踪评估的系统研究。

研究的目标是通过建立节能减排效果监测框架,测算综合客运枢纽运营后的 CO_2 实际减排量,评估综合客运枢纽节能减排效果。本研究以湖南省长沙市的黎托和湘江新区两个综合客运枢纽为案例,验证了所建立的监测框架,为其他类似的综合客运交通枢纽节能减排评估建立了可复制的模型、程序和方法。

综合客运枢纽节能减排效果监测框架在两个区域层面监测、计算温室气体排放。

(1)地方层面:旅客到达/离开综合客运枢纽以公共交通为主,减少私家车和出租车的出行方式。

(2)区域层面:本地区往返其他城市的旅客以长途客车为主,减少私家车出行,使综合客运枢纽建成后的碳排放量比通常情况减少,达到节能减排效果。

第2章

综合客运枢纽节能减排国际最佳实践

随着城市化进程加快和居民生活水平提高，城市机动车数量增长迅速。机动车数量的快速增长不仅加大了能源压力，尾气排放所带来的气候变暖和环境问题也日趋严重。城市机动车的构成失衡也加剧了城市交通拥堵压力和市民出行的成本和时间，同时造成交通事故频发。公共交通引导发展（Transit-Oriented Development，TOD）模式作为一种解决城市交通拥堵和降低温室气体排放的模式应运而生。

TOD 模式是以公共交通为导向的发展模式，它主张城市规划应布置紧凑，以公共交通作为城市运行的支持系统，以公共交通节点作为城市用地布局的基础，围绕公共交通站点布置城市服务设施。TOD 模式中的公共交通主要是指地铁、轻轨、快速公交等大容量公共交通系统。TOD 模式倡导以公交站点为中心、以 400 ~ 800m（5 ~ 10min 步行路程）为半径建立中心广场或城市中心。其特点是集工作、商业、文化、教育、居住等为一体的“混合用途”，使居民和雇员在不排斥小汽车的同时，能方便地选用公交、自行车、步行等多种出行方式。城市重建地块、填充地块和新开发土地均可以 TOD 的理念建造，通过土地使用和交通政策协调城市发展过程中产生的交通拥堵和用地不足的矛盾。TOD 模式是国际上广泛认可的实现低碳交通的重要手段，很多发达国家依照本国城市的特点，开发不同的 TOD 模式，取得了很好的节能减排效果。

2.1 南美及亚洲国家综合客运枢纽节能减排案例

2.1.1 波哥大客运模式

快速公交系统又称为 BRT（Bus Rapid Transit），是一种介于城市轨道交通与常规公共汽车之间的特殊而又新颖的客运模式。BRT 充分运用了轨道交通的运营理念，将大功率、豪华型的公共汽车与先进的智能交通技术巧妙地结合，开辟封闭、独立的公交车专用路，建设同一平台上、下客的收费公交车站，为广大市民提供快速、大容量和优质舒适的客运服务，因此被称为“轨道式的公共汽车交通”。

南美洲国家哥伦比亚的首都波哥大曾以交通严重堵塞、城市环境恶劣而著名，被认为是一个几乎没有希望的城市。从 1998 年开始，波哥大实行全新的交通改革策略，3 年后，它完全改变了对大众运输系统的传统观感，成功建立了一套具有特色的快速公交系统（图 2-1），为全球树立了城市快速公交的“波哥大模式”——BRT 形式的 TOD 综合发展模式。

BRT 的构成元素包括专用车道、专用车辆、专用车站和智能信息系统。其主要优势是：运送速度快，可以比常规公交提高 30% ~100%，接近轻轨；载客量大，高峰时段单方向乘客人数可达每小时 1 万 ~2 万，比常规公交高 2 ~4 倍；交通运输安全性高；建设和运营过程对环境污染小；建设使用成本低，建设投资价格仅为轻轨系统的 1/4 ~ 1/3，使用维护成本不到轻轨的一半。

图 2-1　波哥大市 BRT 公交车站

2.1.2 香港客运模式

2015 年中国香港人口 732 万，全域范围人口密度 6790 人/km^2，是世界上人口最稠密的城市之一。在 1078km^2 的土地中，位于海拔 50m 以下的部分仅占 18%，其余大多是陡峭的丘陵。在如此之高的人口密度下，香港仍然能保持城市交通的顺畅，有效地控制交通污染，与香港居民极高的公共交通使用率分不开。从 20 世纪 80 年代开始，公共交通一直负担着全港 80% 以上的客流量，仅有大约 6% 的居民出行使用私人交通工具。尽管香港的轨道交通线网建设起步较晚，但经过短短 10 多年的发展，香港已建成轨道交通通车里程达 200 多千米，并一直保持着可持续发展的良好势头。

香港的成绩很大程度上归功于 TOD 社区的土地利用形态。全香港约有 45% 的人口居住在距离地铁站仅 500m 的范围内，九龙、新九龙以及香港岛更是高达 65%。港岛商务中心内以公共交通枢纽为起点的步行系统四通八达，凡与步行系统相连的建筑，本身就是步行系统的组成部分，其通道层及邻接的楼层通常作为零售商业和娱乐用途，给行人提供了极大的方便。

2.1.3 东京客运模式

日本东京是一个国际性大都市，在城市中心半径 20km 范围内聚集着 800 多万人口。高密度发展的城市形态使城市内部交通量高度集中。东京的铁路是这个城市最主要的交通方式，也是世界上少数能够盈利的城市铁路系统之一。以 20 世纪 70 年代开发的新宿副中心为例，商业娱乐中心及其周围的办公建筑集中在距铁路车站不足 1km 的范围内，有空中、地下步行通道保护行人免遭汽车和恶劣气候的侵扰。由于大量活动直接在车站附近完成，轨道交通是人们出入该区域最方便、最常用的交通方式。

由环形铁路向外放射的郊区铁路沿线，更存在一系列典型的TOD社区。大型社区中心围绕车站布置，景观良好的步行系统从中心通往附近的居住区，居民步行和乘公共汽车到铁路车站都很方便。居民到铁路车站的出行总量中68%为步行，24%乘公交汽车，仅有6%使用私人小汽车。显然，这种用地布局在吸引远距离出行使用铁路的同时，还有效降低了社区内部的机动车交通量。

2.2 欧洲综合客运枢纽节能减排案例

欧洲城市都有发达的市内交通网络，主要城市都有公共汽车、地铁，很多城市还保留有轨电车，还有城市轻轨连接市区和郊区。为解决小汽车的高速发展引起的城市交通堵塞、污染及能耗增加等问题，欧洲各国纷纷推行以公共交通为导向的城市发展模式。

2.2.1 德国柏林中央车站

柏林中央火车站(图2-2)是德国政府借鉴北美大城市建设中央车站或联合车站的经验，在原市中心的莱尔特车站基础上改建而成，是德国人运用“让乘客方便的同时对城市无妨碍”(Trouble-Free Train Services)的铁路建设与运营理念的一次成功尝试。柏林中央火车站让铁路交通和其他交通方式以十字交叉方式连接到同一个车站，并在同一大厅内实现大规模垂直换乘，更使得该站成为当今欧洲乃至世界上最具典型意义的大型综合性换乘枢纽。柏林中央火车站的特色就是位于不同楼层的交通方式都可以与长途铁路直接衔接，实现了各交通方式间的最短换乘距离及换乘时间。除了满足交通功能之外，占据三个楼层的商场区足以和一个购物中心相媲美，车站的上层还有完善的办公、商务功能，各种功能有效地衔接在一起。

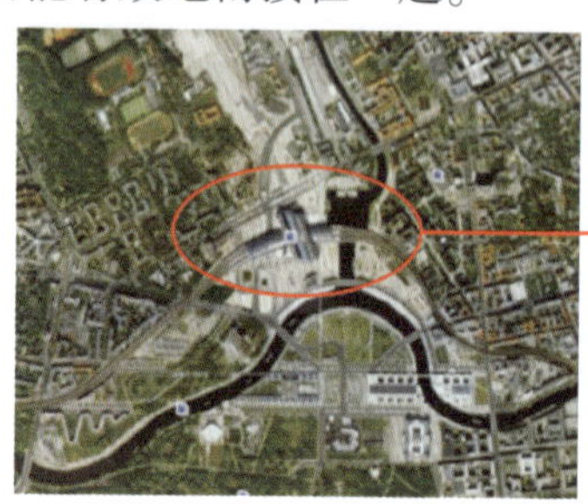

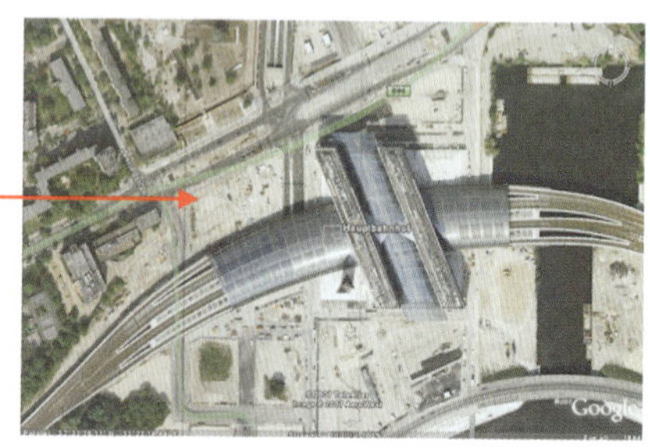

图2-2 柏林中央火车站及周边地区

柏林中央火车站(图2-3)由冯格康、马克及合作者建筑师事务所(Gmp Von Gerkan, Marg & Partner，简称GMP)设计。火车站为钢架玻璃结构，车站共分5层。建筑主体为高46m的双塔，占地1.5万m^2，地面轨道长320m，地下月台长450m，拥有80多家商店。其中东西线铁轨位于车站上方，高出路面 12m，而南北线路则位于地下 15m。

车站东西方向贯穿着钢架玻璃结构的透明屋顶，这个椭圆形的玻璃大厅为格状结构，由 9117 块玻璃面板拼成，开放式的天棚可以使自然光充分照亮车站大厅。车站的玻璃天顶上安装了 1700m^2 的太阳能电池。两座平行结构的大楼将南北方向的顶盖腾空架起，南北方向的铁路则从地下通过。这种网状透明的大厅结构是现代火车站建筑的一个宏伟实例。车站内共设置了 54 座自动扶梯和 34 架电梯。支撑这座被称为“庞大的玻璃宫殿”的是钢架。柏林中央车站于 2006 年落成，历时 10 年、耗资 130 亿欧元，动用钢材 85000t，水泥 50 万 m^3。车站占地 1.5 万 m^2，是欧洲最大的火车站，也是最现代化的中转车站。每天超过 1100 列列车进出，可接送 30 万乘客。其中远程列车 164 列，地方铁路区间列车 314 列，城市快速交通列车 600 列。

图 2-3　柏林中央火车站

十字交叉式柏林中央车站（图 2-4）一开通，就立即成为欧洲铁路系统的中心点，让一切可能的交通工具在市中心连接到同一个车站，并在同一大厅内实现大规模垂直换乘，更使得该站成为当今世界上最具典型意义的大型综合性换乘枢纽。除往来于德国内外的干线铁路高速列车和其他长途列车，柏林市的城铁、地铁、电车、巴士、出租车、自行车、甚至旅游车辆也都在此停靠与集散。因为所有的轨道交通都是通过高架或地下方式进出车站，而各种汽车绝大多数也是通过隧道经停，中央车站与城市的地面交通互不干扰。公路隧道在地下站侧设有 90 个上下车位，同时地下停车场设有 860 个停车位。大多数旅客可以根本不出车站，实现站内换乘。

图 2-4　德国柏林中央火车站内部换乘图

与很多欧洲宫殿采用过多的砖石堆砌不一样，GMP 事务所的建筑师们采用了钢材和玻璃（图 2-5）完成了这项作品，透明的马蹄形玻璃顶使自然光直接射入到地下深处的站

图 2-5 柏林火车站——车站大厅

台,从而保证来往的旅客虽身处地下空间也能够有足够明晰的方向感,这点对于来自欧盟和全世界的换乘客人是至关重要的。

在建筑运用上的特点有:多采用钢、玻璃等现代建筑材料的外立面整体性强、干净;靠令人眩目的材料营造通透、轻盈的感觉,较为理性。柏林中央火车站有很多的称号:“庞大玻璃宫殿”“建筑工程技术杰作”。

2.2.2 巴黎拉德芳斯换乘枢纽

拉德芳斯(La Defense)换乘枢纽,是集轨道交通(高速铁路、地铁线路)、高速公路、城市道路于一体的综合客运枢纽。2002 年,在拉德芳斯换乘枢纽乘坐地铁 1 号线的乘客数量达到 1754 万人次,工作日乘客数量 7.4 万人次;乘坐 RER-A 线的乘客数量达 2972 万人,工作日为 12.2 万人。加上其他交通方式,每天约有 40 万人次在这里换乘各种交通工具。

拉德芳斯区域位于法国巴黎市区的西北部、城市主轴线的西端,该枢纽具有交通、商业服务等功能。公交车站层在枢纽的东侧,公交线路包围了小汽车停车场,设有大量清晰的道路标志,引导车辆快速通过、有序停放;中央为售票和换乘大厅,有商业及其他服务设施;西侧为郊区铁路和有轨电车 T2 线。乘客通过地面出入口和换乘大厅的换乘楼梯,可以很方便地到达商业中心以及地下三、四层的地铁 M1 和 RER-A 线,通过地铁线路将拉德芳斯区域与巴黎市中心区紧密相连。

该综合客运枢纽分为地下 4 层。

地下一层:公交车站层剖面图线路;公交车进出站道路中央包围的是小汽车停车场。

地下二层:售票和换乘大厅,周围附有商业及服务设施,站厅内多个显示屏能实时地显示各种交通方式的时刻表;西区为郊区铁路和有轨电车 T2 线的站台层。

地下三、四层:地铁站台层。地铁 1 号线终点站的站台层位于地下三层;RER-A 线的站台层位于地下四层,共有 4 股轨道平行排列。

2.3 美国综合客运枢纽节能减排案例

即使在以私家车为主要交通方式的美国,也有越来越多的上班族和游客使用公共交通。据美国公共交通协会(APTA)年度报告(2014 年 3 月)[3],2013 年美国使用公共交通出行的人数突破了 106.5 亿人次,超过 20 世纪 50 年代高峰期之后 2008 年的 105.9 亿,当时汽油价格从一加仑 4 美元上涨至 5 美元。公共交通载客量自 1995 年以来上涨了 37.2%，超过了美国人口增幅(20.3%)和车辆行驶里程增幅(22.7%)。

在美国，公共交通运营商通过使用节能技术来减少交通运营过程中的碳排放。许多机构遵守《能源与环境设计(LEED)标准》[4]。例如，纽约市地铁建成了 LEED 认证的维修设施、屋顶的太阳能电池板、建筑设施自然采光和雨水蓄水车辆清洗服务。该机构还通过使用可再生建筑材料来减少建筑设施的碳排放。美国大部分轨道交通是由电力驱动，轨道部门正在寻求通过降低电力的使用来进一步减少能源的消耗。例如：在凤凰城，新的轻轨系统采用制动能量回收系统，以降低电力的消耗；波士顿的运输公司正在安装风力涡轮机；纽约地铁计划在感潮水域安装涡轮机从潮汐收获动力；洛杉矶地铁安装太阳能电池板节约能源等。

2.3.1 丹佛联合车站

丹佛都市区共有人口 360 万人(2012 年统计)，面积 22000km^2，分为 12 个县，60 多个市镇，丹佛市是丹佛大都会区的首府(人口超 60 万)。丹佛联合车站(DUS)位于丹佛市中心商业区边缘，提供轻轨、通勤火车、Amtrak 公司的全国火车、本地和区域公共汽车、免费通勤班车、出租车、自行车和步行等服务，车站用地 0.49km^2。丹佛具有历史意义的联合车站是学院派建筑风格杰作，SOM 建筑事务所负责将车站扩建并改造成为主要的地区性交通枢纽。为此，事务所把原来 0.08km^2 的铁路院落转化成一个城市交通区，将轻轨、通勤和城际铁路、自行车和公交车道以及人行道协调成为一个直观的联运枢纽。

这些新元素中的焦点是一个露天的火车大厅，被设定成为保护多条铁路轨道的有效且正式的手段。主要的结构体系由 11 个钢质“拱形桁架”组成，横跨将近 55m，用有张力的聚四氟乙烯织物覆盖。从侧面看，天篷在两端升高 21m，中间部分下降 6.7m，这种结构设计可以保护下方的乘客站台，同时保证景观视廊的清晰，保护历史车站的视野。

图 2-6　丹佛联合车站(DUS)效果图

两个街区长的基准面步行道将火车大厅与 SOM 设计的丹佛联合车站(图 2-6)轻轨车站相连接。自 2012 年开通以来，丹佛联合车站每个工作日都运载将近 1 万名乘客。场地内及场地周边的行人和公共空间网络将车站与东面的丹佛市区和南、西、北面的新住宅区无缝连接。

丹佛联合车站(DUS)提供充满活力的都市环境,带动周边商业发展,形成周围建筑群,提供新的交通方式选择:公共汽车、轻轨、全新22个站位的公交车站、Amtrak火车和通勤列车——全部集中在同一综合设施内,周围新建3500多个住房单元和14万多平方米的办公楼。

丹佛联合车站(DUS)地下公交车站长310m,面积超过三个足球场,高峰期每48s一辆公共汽车,采用顺时针环形双出口设计,便利进出车辆及换乘。

此外,丹佛联合车站(DUS)列车大厅采用半露天节能设计(图2-7),此项目因设计达到很好的节能减排效果,获得多项设计奖项。

图2-7　丹佛联合车站(DUS)列车大厅

2.3.2 旧金山港湾枢纽

美国旧金山湾地区现有人口超过600万,包括9个县,101个城镇,面积达18130km^2,形成一个多中心的发展格局。人们的出行需要一个高效的、无缝衔接的交通网络来支撑。经过港湾枢纽(Transbay Terminal)概念设计,规划部门和咨询机构进一步发展了如下概念:

本地、区域和城际公共交通,通勤、城际和高速轨道以及其他交通方式汇聚于港湾枢纽,各交通方式之间的换乘设施进行一体化布置(图2-8),不同交通方式建立各自相对独立的交通功能区域及流线体系。

轨道层:有3个岛式站台及6条直通式的铁路股道,分别用作通勤铁路、城际轨道和高速铁路。

街道和旧金山市政铁路(San Francisco Municipal Railway,MUNI)层:有轨电车、城区有轨交通、出租车以及金门运输专车在此层运行,通过设置的通道和楼梯可以便捷地搭乘各种交通工具。1层设置了售票厅、候车区、货物寄存处,以及休息室2处。

换乘层:通过此层,可以实现地面以上各个不同交通方式之间的连接;由不同地点的楼梯、电梯和自动扶梯，可以进入 3 层和 4 层的公交层。

公交(AC transit)层：能够同时容纳 26 辆铰接式公共汽车，以及 4 辆标准公交车；通过自动扶梯以及电梯来进行上下层之间的联系，能够同时容纳高峰时段 2.5 万的乘客。公交层包括乘客候车区以及与 4 层之间的联系流动区域。

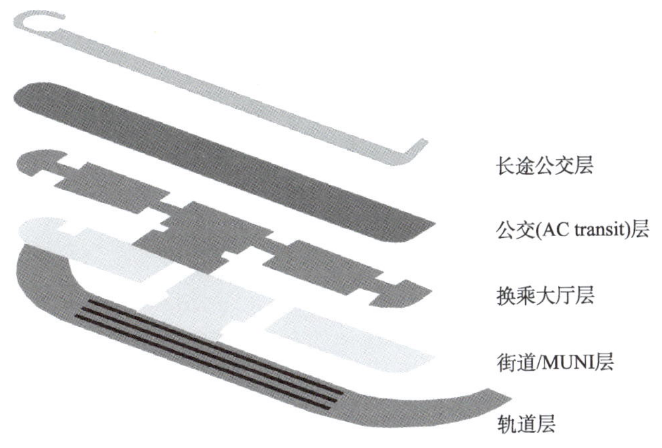

图 2-8　港湾枢纽分层设计

长途公交层：有 24 辆长途汽车的车位。该层与 3 层的公交层共用专用的海湾大桥引道。

港湾枢纽的发展与周边区域充分地融合，同时设置不同层面、多方向、多点的通道方便乘客进出港湾枢纽。在枢纽内，乘客通过楼梯、扶梯和电梯便捷地在不同楼层转换。

该项目的设计融入了许多有助于减少温室气体排放，促进可持续发展的要素：

(1)屋顶公园：除了吸收和辐射热量，面积为 $0.02km^2$ 的顶楼会吸收 CO_2 和公交车尾气、吸收和过滤雨水，并提供一个当地野生动物的栖息场所。

(2)自然照明：在港湾枢纽运输中心，大楼的照明是最大的能源消耗。为降低能源的使用，该设计广泛使用自然光，自然光之外的照明由控制系统根据照明情况自动调节。

(3)中水、雨水再利用：为了最大限度地减少饮用水的消耗，该枢纽采用了双排水管道，利用收集的中水替代其他非饮用水，然后再循环用于厕所冲洗。结合中水和雨水的节水装置每年可节省超过 4540 万 L 饮用水，而中水的循环利用也减少了水资源的消耗。

(4)地热系统：为了显著降低维持建筑物温度所需的能量，地热系统使用地下深处循环水的低温。地热冷却系统每年约减少冷却塔 140 万 L 水的使用。

(5)自然通风：该建筑主体是一个自然通风的设施，个别的部分如零售商店装有空调。通风系统充分利用旧金山的气候条件，如晚间使用清凉的夜间空气对建筑进行预冷，以减少白天的制冷需求。

(6)资源回收利用：该转运中心的目的是支持通过提供垃圾分类(包括堆肥和回收利用)实现 75% 的分流回收目标，承包商最终回收超过 7500t 钢材和 7.1 万 m^3 混凝土。

(7)减少排放:这个转运中心有望大大促进整个加州湾区和国家公共交通的使用,显著减少空气污染物的排放,包括每年数万吨 CO_2 的排放。预计 2028 年高速铁路系统建成使用后,全系统每年减少超过 300 万 t 的 CO_2 排放。

港湾枢纽在利用自然采光、地热调节和中水回收利用方面的成果使其获得能源与环境设计认证(LEED)建筑发展金奖。

2.3.3 约翰・奥利弗转运中心

作为美国第一个零能耗的转运中心,位于马萨诸塞州格林菲尔德的约翰・奥利弗(John W. Olver)转运中心于 2012 年向公众开放。该区域性转运中心是服务于城际彼得潘、灰狗巴士线路的重要一站,同时是美国客运铁路线连接斯普林菲尔德、纽黑文、康涅狄格州(CT)、纽约市南部、圣奥尔本斯、佛蒙特州(VT)、蒙特利尔和加拿大北部的重要大站。转运中心主要建筑内还设有富兰克林地方运输管理局(FRTA),管理局服务于四个县的 40 个社区,并且是富兰克林区域政府市政局(FRCOG)的大本营。

John W. Olver 转运中心(图 2-9)的目标是实现年净能源消费为零。为此,中心建筑包含许多看似矛盾的结构。考虑到周围居民希望能建立一个包含当地历史文化并具有创新意义的低碳环保建筑,设计者广泛使用当地原有的建筑材料,如砖块、合金以及石材等。John W. Olver 转运中心的重点节能减排功能包括:98kW、2225m^2 的地面支架式光伏阵列;22 眼地热井;通过木屑颗粒提供锅炉燃料;通过对流冷却器的冷却系统;转运中心设有太阳墙,冬季寒冷高峰期的阳光预热新鲜空气高达 15℃;停车场安装节能 LED 照明,整个建筑照明系统的调节自动控制;根据日光调整最佳窗口位置以及利用高窗和天窗,减少电力照明;使用低流量供水装置,减少用水量 35%。

图 2-9 John W. Olver 转运中心

采用上述所有创新技术和绿色环保措施,John W. Olver 转运中心在一年多运行过程中,净能源消耗几乎为零。

第3章 综合客运枢纽节能减排评估方法

如第2章所述,许多国家的经验表明,建设城市交通综合客运枢纽,可以引导公众采用低碳、环保的出行方式,推动交通运输节能、减排,有益于社会、经济的健康、可持续发展。

随着城市化进程的加快和城市交通的迅速发展,我国的综合客运枢纽建设被日益紧迫地提上了政府工作日程。然而,综合客运枢纽不仅是多种客运设施、设备构成的综合体,而且是集设备、信息和客运组织综合管理于一体的复杂系统。由于城市客运交通枢纽的规划和建设起步较晚,我国不但缺乏设计和建设综合客运枢纽的经验,甚至在设计和建设综合客运枢纽所必要的前期基础工作——综合客运枢纽的节能减排评估方面,技术储备也是甚少,亟需加紧研究和开发。

3.1 交通运输行业节能减排评估方法综述

目前我国交通运输行业节能减排评估研究尚处于初始阶段,评估重点偏于燃油类型对碳排放量的影响,较为片面。而在评价标准的整体性、层次性、经济可行性、定量分析所占比重以及相关制度的建立方面,只是国家的某些职能部门和地方政府出台了一些相关政策,缺乏一个完整的评估体系。且一个评估体系的建立不是一朝一夕所能完成的,涉及很多的因素,其中,最具主导地位的当属强有力的政策支持。就我国社会现状而言,首先,政府应该出台一部相关法律,强制性规定交通运输行业必须采用节能减排措施,并且大幅加强处罚力度,提高企业、机构的违法成本,铁腕推行交通运输行业发展中的节能环保理念。其次,交通运输部门可以成立一些专门的工作组,有组织地开展系统的评估研究。必要时,可以借鉴国际上一些比较成熟的评价体系,结合我国具体实践,逐步形成自己的交通行业节能减排评价体系。

本书所阐述的综合客运枢纽节能减排评估方法研究就是在交通运输行业开展节能减排评价的一次探索。因数据采集、时间匹配以及研究能力等各种因素的影响,研究成果中无疑还存在许多不足,尚需在后续的相关研究中做进一步的开发和拓展。

3.2 综合客运枢纽节能减排原理

综合客运枢纽的节能减排重点分为三个方面:综合客运枢纽促使交通方式变化所产生的节能减排、综合客运枢纽建筑物本身的节能减排、综合客运枢纽内交通工具的节能减排等。

本书所呈的研究内容主要侧重于监测评估因综合客运枢纽引导交通方式变化所产

生的节能减排效果。研究中采用交通行业普遍采取的排放量基线推算的清洁发展机制(CDM)方法学[5]计算综合客运枢纽不同交通方式所产生的碳排放量,即:

$$\text{每年基线碳排放量} = \text{车辆数量} \times \text{旅行距离基线} \times \text{不同类型的车辆排放因子} \quad (3\text{-}1)$$

(即每个乘客单位旅途排放 CO_2)

综合客运枢纽实现节能减排的主要原理是:由于枢纽站换乘便利、快捷,可以吸引更多的旅客选择公共交通,并通过枢纽站换乘前往目的地,从而减少了枢纽站建成前选择小汽车(出租车或者私家车)等其他能源消耗和碳排放较高的出行方式比例,因而达到了节能减排效果。

3.3　综合客运枢纽节能减排评估方法

综合客运枢纽可以从市区和区域两个层面实现节能减排(图 3-1)。

市区层面:到达枢纽站去市内其他目的地的乘客将更多地选择使用公共交通,如公交车、地铁等,减少小汽车的使用比例并诱增公共交通客运量,从而减少能源消耗和温室气体排放。同理,从市内其他地点去枢纽站的乘客也将更多地选择公共交通方式。

区域层面:即城际层面,从本市前往其他城市或者从其他城市来到本市的旅客将更多地采用长短途巴士的方式,降低使用小汽车的比例。

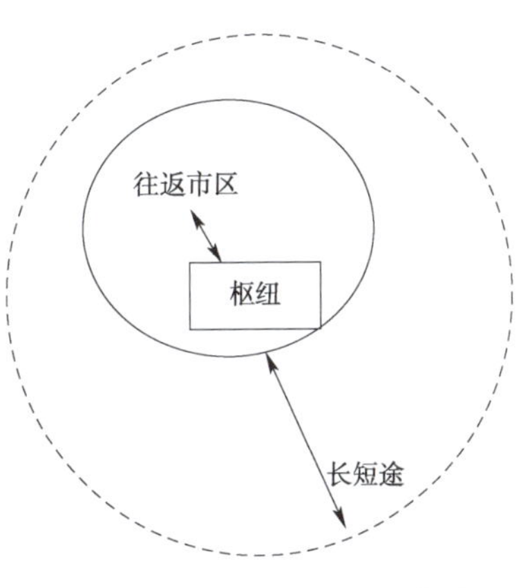

图 3-1　节能减排主要原理示意图

3.4　碳减排监测技术框架建立

3.4.1　影响城市客运交通需求的主要因素

(1)城市经济发展水平。城市居民的出行需求有很大一部分是生产性的需求,经济和产业发展水平的高低、产业发展速度的快慢直接影响出行需求。

(2)居民消费水平。根据马洛斯的需求层次理论,衣、食、住、医疗只是人们基础的生存和健康需求。这些刚性需求满足后,才会产生友谊和社交的需求,即“行”的需求。所以,随着城市居民生活水平的提高,休闲、娱乐、旅游、社交、购物等弹性需求必然增长,与此相联系的消费性出行需求也将随着生活水平的提高在规模和质量上发生变化。

(3)人口数量及城市化程度。一方面,人口数量的变化必然引起出行需求的变化;另一方面,由于城、乡居民在生产和生活方式、消费习惯等方面存在巨大差异,因此城市化程度对城市居民整体的出行需求性质和规模也存在较大影响。

(4)交通费用。即交通服务价格,它的变动对出行需求的影响较为显著,尤其是对消费性出行需求影响很大。

(5)交通服务的质量。安全、迅速、方便的交通服务将引导和刺激居民出行需求增长,反之则抑制出行需求。

上述仅是对城市客运交通(出行)需求在宏观层面上的主要影响因素的归纳。事实上,城市客运交通需求与城市以及个人与家庭的社会经济特征均存在千丝万缕的联系。毫无疑问,其中最重要的是城市居民的社会经济属性和参与交通活动的行为特征。目前我国城市的常住居民出行行为呈如下普遍特点:工作出行和上学出行规模大且时间相对集中;弹性出行呈上升趋势;节假日休闲出行日趋增大;自行车交通方式占比逐步下降;私家车出行份额稳步上升等。

3.4.2 评估技术框架

评估节能减排效果的具体计算公式如下:

总减排效果 = 市区层面减排效果 + 区域层面减排效果 (3-2)

市区层面减排效果 = (建设前单位客运周转量的碳排放 - 建设后单位客运周转量的碳排放) × 建设后的客流量 × 平均出行距离 (3-3a)

区域层面减排效果 = 改造前前往目的地的排放量 - 改造后前往目的地的排放量 (3-3b)

由于交通枢纽客流量及客运量受季节、天气、节假日等因素影响波动较大,因此设定减排周期以年为单位。根据前述实现节能减排的主要原理,可将项目涉及的温室气体排放分为主要能源消耗为电力的轨道交通(本项目内主要涉及的是地铁、城铁)温室气体排放和主要能源消耗为化石能源(汽油、柴油、天然气等)的其他交通工具如长短途客车、市内公交车、出租车(可能包含一部分天然气车辆)、私家车等温室气体排放。

1)轨道交通温室气体排放计算

根据我国住房和城乡建设部、国家发展和改革委员会发布的《城市轨道交通工程项目建设标准》,可将地铁的温室气体排放分为车辆排放和车站排放(图3-2)。

车辆排放主要指地铁车辆在运行过程中产生的温室气体排放,包括:车辆牵引、车辆照明、车辆空调、车辆信号等。

车站排放主要指地铁车站为通行乘客所配备的各项设施产生的能源消耗和温室气体排放,包括:照明系统、空调系统、自动扶梯系统、监控系统,以及其他如通信系统、信号系统、给排水系统、消防系统等。

根据现场调研的结果，要得到上述所有分类的能源消耗数据存在一定难度，从数据可获得性考虑，由于地铁人均能耗较低，可根据参考资料[6]提供的数据确定地铁人均出行能耗。

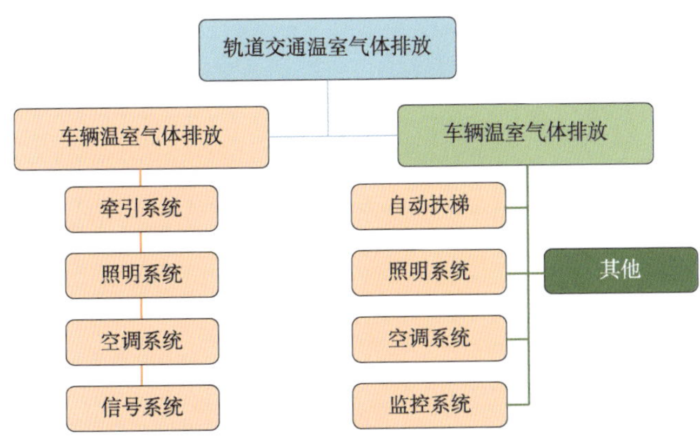

图3-2　轨道交通主要温室气体排放结构层级

2）化石能源交通工具温室气体排放计算

综合客运枢纽站主要的节能减排潜力，一是公交、地铁等低碳交通方式分担率的提高；二是部分长短途旅客是由过去采用小汽车方式前往目的地转移而来。因此，总的减排量可由以下公式表示：

$$E = E_{市区} + E_{区域} \tag{3-4}$$

式中：E——总减排量；

$E_{市区}$——市区层面交通方式调整的减排量，即市区内的减排量；

$E_{区域}$——长短途旅客中由小汽车转乘大巴车部分的减排量，即区域减排量。

其中，市区排放量可由以下公式计算：

$$E_{市区} = \sum Q_i \times D_i \times EF_i \tag{3-5}$$

式中：Q_i——第 i 种交通方式的客运量；

D_i——第 i 种交通方式的平均出行距离；

EF_i——第 i 种交通方式所使用能源类型的碳排放因子（kg CO_2/km）。

旅客交通客流量：

$$Q_i = Q \times R_i \tag{3-6}$$

式中：Q_i——采用第 i 种交通方式的客流量；

Q——总日客流量；

R_i——第 i 种交通方式分担率。

区域减排量可通过以下公式计算：

$$E_{区域} = P \times \sum D_i \times [R_{ci} \times (EF_c - EF_b) + R_{ti} \times (EF_t - EF_b)] \tag{3-7}$$

式中：$E_{区域}$——区域层面每日减排量；

P——建设后长短途客运站的总客运量；

R_{ci}——线路 i 由私家车改乘大巴车的乘客数占总客运量的比重；

R_{ti}——线路 i 由出租车改乘大巴车的乘客数占总客运量的比重；

EF_c——私家车的碳排放因子；

EF_t——出租车的碳排放因子；

EF_b——大巴车的碳排放因子。

3.4.3 居民出行主要的换乘方式

按照换乘客流选择换乘交通工具的类型可以分为铁路—地铁(轻轨)、铁路—公共汽车、铁路—出租车、铁路—长途客运班车、铁路—私人小汽车、铁路—摩托车(自行车)、铁路—步行和地铁—公交。

1)铁路与轨道交通的换乘

这种换乘方式是随着城市轨道交通发展而发展的，由平面换乘方式向立体换乘方式发展，近年来又提出同站台换乘方式。这两种交通方式间，换乘客流多少要以轨道交通与铁路客运站换乘衔接的便捷程度以及轨道交通在整个大城市中的辐射程度决定。当轨道交通在整个城市中已经形成交通网络，这种换乘对客流的吸引力较大。另外，由于轨道交通具有舒适、准点、快速、安全等特点，大部分乘客喜欢选择这种换乘方式。随着我国大城市轨道交通的兴建及与铁路客运站的零换乘衔接，这种换乘客流的比重将越来越高。

2)铁路与地面公交的换乘

由于城市轨道交通在我国大城市中还是一种新兴的运输方式，许多大城市未建有或建有少量的轨道交通线路，且没有形成轨道交通线网。因此，在短时间内，轨道交通在国内的许多大城市中不能成为铁路客运的主要集散方式，而这个任务只能由地面公交来承担。由于地面公交这种换乘方式费用小、辐射面较轨道交通广，因而这种换乘方式在铁路客流与城市交通中转换乘中占有较大的比重。

3)铁路与社会车辆的换乘

综合交通枢纽站是另一种重要的换乘方式。与轨道交通和地面常规公交不同，社会车辆是一种个体运输的交通方式，其集中到达性比较强。在客流集中的枢纽站应该设置出租车下客区和候客区，下客区靠近进站口，候客区靠近出站口，以方便旅客换乘。铁路与社会车辆换乘是一些经济收入较宽裕、时间紧迫的旅客的首选方式。

4)铁路与客运汽车的换乘

这里的客运汽车有两类，一类是驶入枢纽站内指定的客运汽车停车场的汽车，另一类是枢纽站内客运汽车站的客运班车。对第一类客车，主要是团体旅游、单位团体等集体出游或到达,节假日的客流较大,平时客流较少。对第二类客车,换乘的条件是汽车客运站与铁路客运站相距较近,平时的客流量较大。

5)地铁与公交的换乘

地铁、公交这两种交通方式是市内乘客换乘的主要方式,地铁与公交的换乘又是综合交通枢纽的重要换乘方式之一。一般换乘客流量在早晚高峰时间及节假日时间较大。

3.4.4 枢纽站主要交通方式

基本出行模型(以乘客由市区离开为例,乘客由外地抵达市区为反方向)有两种。

1)基线模型

市区层面:去往外地/郊县的乘客,通过出租车、私家车、地铁、公交车,以及其他出行方式,到达客运综合枢纽,然后乘坐长短途客运车离开。

区域层面:一小部分去往外地/郊县的乘客,通过私家车或者出租车直接由市区抵达目的地。

2)减排模型

市区层面:枢纽站建成后,由于枢纽站换乘的便捷性,部分以前通过出租车和私家小汽车到达客运站的乘客将改由公交车或者地铁等出行方式到达综合客运枢纽站,然后乘坐长短途客运车离开。

区域层面:一部分以前通过私家车或者出租车直接由市区抵达外地/郊县的乘客将改由综合客运枢纽站——乘坐长短途客运车。综合客运枢纽站主要涉及的出行方式类型如表 3-1 所示。

综合客运枢纽站主要交通出行方式　　表 3-1

类　别	远　途		市　区				
交通出行方式	铁路	长短途客运	公交车	地铁	出租车	私人小汽车	其他
枢纽站	√	√	√	√	√	√	√

由于每个综合客运枢纽站在出行方式、功能布局等方面存在差异,因此在测算减排效果过程中需要区别对待。以长沙黎托综合客运枢纽为例,根据实际情况制定如下交通出行模型,如图 3-3 所示。

3.4.5 人均出行距离设定

由于项目基线排放相关数据可能不可得,基线排放人均出行距离依据市区和区域按如下原则设定:

市区:根据与当地各相关方讨论和沟通的情况设定人均出行距离。

区域:预设旅程以从室内到目的地路程为 200km 范围,此范围内的旅客比较容易受到枢纽站便利性的影响。实际监测期间的人均出行距离应根据调研结果核算进行相应的调整。

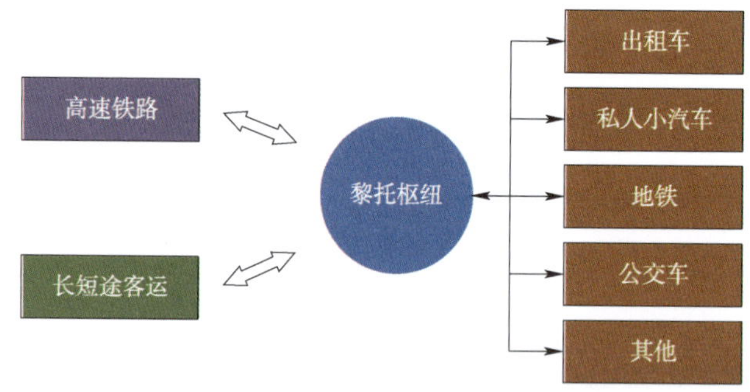

图 3-3 黎托综合客运枢纽通行方式模型

3.4.6 评价步骤

根据上述的评价思路和评价方法,对交通综合枢纽节能减排效果的评价主要分为以下 5 个步骤。

1)确定基线

在评价建设后减排效果之前,首先必须确定基线,主要包括以下指标:综合客运枢纽建设前客运量及客流量、建设前市区层面各种交通方式的分担率、各种交通方式的能耗品种和能耗水平、200km 以内长短途线路的运行情况。通过以上数据可以确定单位客运周转量碳排放等基线数据。基线数据拟采用可行性研报告中的数据。

2)数据收集、整理、监测与跟踪

市区层面数据获取方式:由客运站提供长短途客运总客流量数据以及出租车客运量,并通过调查问卷的形式初步确定各种出行方式的分担率;根据调查结果和统计结果,相互予以验证,最终确定各种交通方式的客运量和分担率。

区域层面数据获取方式:对长短途客运线路距离在 200km 内的旅客,分具体的线路,进行问卷调查,确定各线路从小汽车改为大巴车换乘的乘客比例。

交通车辆的实际运行数据,部分可通过向主管部门或统计部门协调获取,部分则需要通过调查问卷、实地走访等形式获取。由于减排潜力的测算周期较长,还需要对部分数据予以长期监测与跟踪。

3)预评价

基于基线数据和一段时期内的实际运行数据对减排效果予以预评价。

4)完善评价方法和模型

根据预评价结果的情况,对评价方法和模型做进一步的完善和调整,使评价结果更加客观合理、符合实际。

5)跟踪评价

跟踪综合客运枢纽实际运行数据,对减排效果进行动态评价。

3.5 碳减排监测调研方案

3.5.1 调研问卷设计思路

综合客运交通枢纽数据调研工作环节多、调查对象复杂、技术手段涉及多个学科领域(城市交通规划学、应用统计学、计算机科学等),实践中存在的问题也非常复杂和多样。主要是:

(1)作为抽样调查的一种特殊应用,最主要的问题存在于抽样方法和抽样率、总体特征推断和误差调整两方面。

(2)作为一项交通专业的研究活动,最主要的问题是对调查对象的认识和把握程度。

(3)作为一种数据规模大、结构复杂的数据库构建与应用实践,最主要的问题存在于建立数据库系统和相应应用程序设计方面。

采用一种综合客运枢纽客流规模测算方法,即通过分时段人工抽样调查实际客流情况,并基于数据融合理念对客运站总体出行人数的数据进行总体扩样。

由于居民出行会随时间呈现周期性变化,因而枢纽站客流的总体特征也会呈现周变、日变和时变特性。通过对枢纽站实地调研量发现,客流情况在某一时段里总是呈现相似的时变特征。鉴于这种相对稳定的特征,可以根据现有的小样本数据将性质相似时段的数据进行归类分析,这种按照时间顺序来分析客流特征的过程在统计学中被归为有序样本聚类问题。

3.5.2 调研的数据选取

调查成本及调查精度是抽样调查的主要关注点,因此,在保证一定精度的条件下减少费用或在限定费用的条件下尽量提高精度十分重要。若不考虑非抽样误差,调查精度与样本量在一定范围内直接正相关。当抽样样本超过一定数量后,单位样本量的增加对于精度的提高效果不再明显。同时,调查成本与样本量基本呈线性正相关关系,因此在调查中要选择合理的抽样率,使得调查精度与调查成本达到均衡最优。

此外,补充调查日期的选取非常关键,目前一般的方法是基于经验。采用的调查日期应严格考虑客流波动情况和天气影响情况,尽量选择能够代表客流年日均值的时间进行调查。调查时间对样本的选择有较大影响,尤其是具有较强季节性的旅客运输。为尽可能减少季节性的影响,在调查时间上进行了优化,选择在运输寒暑假高峰和平常时期各做一次调查。第一次调查是春运或者暑假时期，充分体现繁忙时期旅客的需求；第二次是正常运输时期，体现一般情况下旅客需求。在具体的操作中，考虑到旅客需求在周末与平时可能会有差别，因此调查应包括一周 7 天的时间，这样会较为完备地统计出总的样本空间。

3.5.3 调研方式

在碳减排计算数据需求中，部分数据可通过归口统计途径获得、部分数据需要调研，还有某些关键指标则需要通过发放调查问卷的形式获取。

以黎托和湘江新区综合客运枢纽为例，结合两个枢纽特性，需要采用调查问卷获取的数据，如表 3-2 所示。其中，由于湘江新区枢纽含购物、办公等设施，不能简单采用枢纽的客流量或客运站客运量数据，为提高数据的合理性和准确性，拟采用调查问卷和部分统计数据相结合的方式确认客流量。

需要采用调查问卷获取的数据　　表 3-2

黎　托	湘 江 新 区	备　注
往返枢纽		
客流量/客运量	客流量/客运量	湘江新区枢纽含购物、办公等其他设施
各种中转方式分担率	各种中转方式分担率	—
区域间		
小汽车换乘大巴车比例	小汽车换乘大巴车比例	—

问卷收回后，首先对所作问卷进行逻辑审核，核选出内容填写完整、符合逻辑的问卷，然后将各组问卷汇总并统计初步有效问卷数量，归档保存。数据录入采用 Excel 数据库形式以便于后期数据处理。数据分析采用加权平均的方法，计算出不同交通方式的百分比构成以及人均出行距离。

市区层面：候车大厅、客运站到达口，市区内来往于黎托枢纽站的乘客。

区域层面：区域间大巴旅客。

3.5.4 时间安排

为保证调研的完善性，考虑到客流量受季节、假期等的影响因素较大，拟定调研时间为一年中的平时、暑期和春运期作为重点调研的时间段，并各取一周时间作为调研的样本时间。这样就能较为完备地将枢纽站总的情况摸查清楚。

3.5.5 培训安排

由数据采集专家对客运枢纽工作人员进行现场培训，包括问卷调查时间、地点、份数和内容。进行为期一天的现场示范。并取得调研问卷样品,对已有问卷进行修改,最后安排每次一周的问卷调研。问卷调研是由经过培训的客运枢纽工作人员具体实施。

3.5.6 问卷设计

问卷设计考虑到市区内和区域间两部分的交通情况统计,针对出发旅客和到达旅客分别进行问卷设计,并单独针对区域间大巴旅客进行问卷调查,共设计三份问卷。见附件。

3.5.7 调研样本容量

调查问卷的数量采取简单随机抽样法确定样本量,在样本量确定过程中,总体所起的作用因它的大小而有所差异。对于小规模总体,它起着重要作用,而大总体对样本量影响的作用很小,样本量计算公式如下:

$$\begin{cases} y = 72.907\ln(x) - 243.08 \\ R^2 = 0.9946 \end{cases} \tag{3-8}$$

根据《长沙市统计年鉴》,预计长沙交通枢纽市区和区域层面总体客流量约 100000(人/天)时,根据表 3-3,样本量取值为 398(人/天),本项目样本最终确定为 400(人/天)。

表 3-3 是要求在置信度为 95% 下,误差限为 0.05,用简单随机抽样估计 P,对应总体大小所需的样本量。为达到要求的精度水平,随着总体大小的增加,样本量增加的比率逐渐减小到零。

总体大小与所需样本量(P)　　表 3-3

总　　体	样　本　量	总　　体	样　本　量
50	44	10000	386
100	80	100000	398
500	222	1000000	400
1000	286	10000000	400
5000	370		

第4章 评估案例研究——黎托综合客运枢纽站

长沙地处中国的中部,连南接北,承东启西,区位优势明显。《长沙市城市总体规划(2003—2020)》(2010 年修订版,以下简称总体规划)[7]中对外交通规划目标直指国家级综合客运枢纽城市,总体规划形成以现代化国际民用机场、霞凝新港、高速铁路、高速公路为骨架的水、陆、空交通运输系统,依托城际铁路及高速公路网络形成以长沙为中心覆盖"3 +5"城市群的 90min 交通圈,推动"3 +5"城市群区域一体化。黎托综合客运枢纽站是长沙市新建的大型绿色综合枢纽站之一。

本章所阐述的内容是对黎托综合客运枢纽站节能减排效果的跟踪评估。在研究过程中,通过问卷调查、现场收集资料、查阅交通流量年鉴等方式获取大量调研数据并使用电子表格对收集数据进行统计,利用 CDM 方法学,结合本项目特点,对黎托综合客运枢纽进行碳排放计算。最后得出:黎托综合客运枢纽站 2014 年总的减排量为 0.5995 万 t CO_2,2015 年为 2.9245 万 t CO_2,2016 年为 4.0019 万 t CO_2。具体计算过程及方法将在以下各节详细阐述。

4.1 黎托综合客运枢纽工程简介

长沙黎托综合客运枢纽位于长沙火车南站西广场南侧,占地总面积 12000m^2,总建筑面积 31485m^2,总投资 3.4 亿元,设计日发送旅客量 27225 人次,为"十二五"期间长沙新建的 4 个国家级公路一级综合客运枢纽站之一。

黎托综合客运枢纽于 2014 年 04 月 20 日开始试运营,该枢纽站与长沙火车南站实现"零换乘"。黎托综合客运枢纽日常营业时间为早上 8 点到晚上 10 点半,并根据高铁客流情况实时调整营业时间。目前已经开通了前往益阳、常德、张家界、湘潭、韶山、邵阳、冷水滩、吉首、凤凰、怀化、娄底、浏阳、新宁、福清等地共计 30 条客运班线,今后还将陆续开通省内其他地区、省外各地班线和各地旅游班线。

如图 4-1 所示,虽然长沙黎托综合客运枢纽与长沙火车南站为不同的两栋建筑,但两者的负一楼和负二楼是连通的,所有的换乘功能都在建筑群负一楼进行。从高铁出口出站后,向北走可以转乘公交,向南走可以换乘长短途客运,向西走可抵达停车场和出租车等候区,而地铁入口就在高铁站出口向南不到 50m 的地方。旅客下了高铁之后,可以从这里直接转乘班线客车,去往周边 30 个县市。此外,地铁 2 号线正式投入使用后,黎托综合客运枢纽可实现高铁、地铁、长短途客运、城市公交、出租车、社会车辆等多种交通方式的"零换乘"(图 4-2)。

黎托综合客运枢纽分候车区和备班保障区。候车区地下负一层为停车发车位,地上四层为主站房,其中候车厅面积为 2600m^2,售票厅面积为 850m^2。备班保障区位于长沙火车南站以南 1km 处,征地 64 亩,将建立停车区等。

图 4-1　黎托综合客运枢纽站

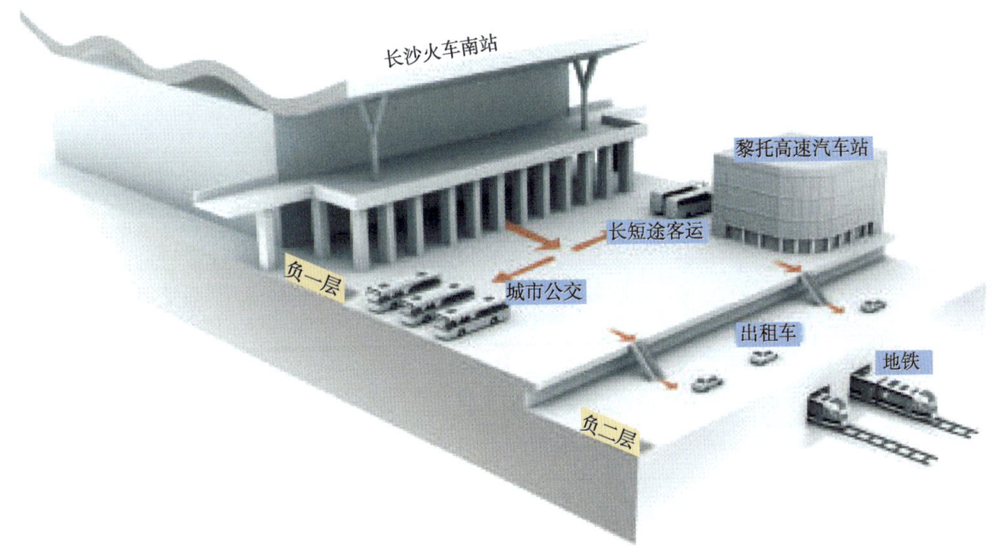

图 4-2　黎托综合客运枢纽站效果图

4.2　评估时间节点划分

由于交通枢纽客流量及客运量受季节、天气、节假日等因素影响波动较大,因此以年为单位阐述长株潭综合客运枢纽的减排量研究过程和方法。黎托综合客运枢纽 2014 年 4 月开始运营,调研实施周期共 22 个月。基于此,调研时间安排如表 4-1 所示。

调研时间安排 表 4-1

枢纽＼年份	2014 年	2015 年	2016 年
黎托	9 月 1 日—9 月 7 日	2 月 24 日—3 月 2 日	2 月 17 日—2 月 25 日
		5 月 30 日—6 月 5 日	
		9 月 1 日—9 月 7 日	
		11 月 12 日—11 月 18 日	

4.3 基线排放计算

由于启动本研究时，黎托客运枢纽的建设已经基本完工，基线排放评估涉及的相关数据如各种交通方式分担率、人均出行距离等均已难以获取，因此基线排放评估所需的相关数据主要取自黎托综合客运枢纽可行性研究报告。市区层面黎托综合客运枢纽站主要涉及的交通方式见表 4-2，黎托综合客运枢纽站基线评估基本数据如表 4-3 所示。

黎托综合客运枢纽站涉及的交通方式 表 4-2

类　别	远　途		市　区				
交通出行方式	铁路	长短途客运	公交车	地铁	出租车	私人小汽车	其他
黎托枢纽站	√	√	√	√	√	√	√

黎托综合客运枢纽站基线评估基本数据 表 4-3

客流数据	长沙火车南站日客流量(人/天)	48000
	黎托汽车站日客流量(人/天)	7900
	本地客流量(人/天)	2000
交通分担率	地铁	20%
	公交车	16%
	出租车	34%
	私人小汽车	30%

（数据来源：黎托综合客运枢纽可行性研究报告，2010 年数据）

根据减排模型，黎托综合枢纽每日往来乘客可以分为如下几类：

(1)通过高铁抵达黎托枢纽站的乘客 Q_1；

(2)通过高铁离开黎托枢纽站的乘客 Q_2；

(3)由高铁抵达黎托枢纽站又通过高速汽车站(长短途)离开的乘客 Q_3；

(4)由本地交通抵达黎托枢纽站通过高速汽车站(长短途)离开的乘客 Q_4。

确定排放基线的因素：排放因子每位乘客单位路程的计算是基于假设在不同类型的

燃料和车辆下平均速度为 22km/h。清洁发展机制方法学选择可用的项目数据，而不是政府间气候变化专门委员会的默认值。表 4-4 显示了基线排放因素，取自全球环境基金交通运输项目温室气体收益计算手册。

$Q_1 + Q_2 = 48000$

$Q_3 = 7900$

$Q_4 = 2000$

对于黎托综合客运枢纽：

(1) 市区层面：不同交通方式出行乘客数量(人/天)：

$Q' = Q_1 + Q_2 + Q_4 - Q_3 = 42100$

根据可研报告的数据，市区层面黎托客运枢纽站的旅客交通客流量[根据公式(3-6)]：

Q：总日客流量，$Q = 42100$

R_i：第 i 种交通方式分担率，其中地铁 20%、公交车 16%、出租车 34%、私家车 30%(源自可研报告)。

通过各种交通方式出行的人数分别为：

$Q_{地铁} = 42100 \times 20\% = 8420$

$Q_{公交} = 42100 \times 16\% = 6736$

$Q_{出租车} = 42100 \times 34\% = 14314$

$Q_{私人小汽车} = 42100 \times 30\% = 12630$

根据表 4-3 及 4-4，各种交通方式的碳排放因子分别为：

$EF_{公交} = 0.029732\text{kg } CO_2/\text{km}$

$EF_{出租车} = 0.1808\text{kg } CO_2/\text{km}$

$EF_{私人小汽车} = 0.253421\text{kg } CO_2/\text{km}$

根据公式(3-5)(式中，D_i 是第 i 种交通方式的平均出行距离，基线情景默认平均值为 12km)，各种交通方式碳排放量分别为：

$E_{公交} = 2403\text{kg } CO_2$

$E_{出租车} = 31056\text{kg } CO_2$

$E_{私人小汽车} = 38408\text{kg } CO_2$

总排放量为：

$E^0_{市区} = 71867\text{kg } CO_2$

(2) 区域层面：由于综合客运枢纽的便捷性而使用长短途客运车出行方式替代出租车和私家车的乘客数量(人/天)为：

基线值 $Q' = 5056$

区域层面，由于部分乘客选择长短途大巴替代小汽车(私家车及出租车)出行而减少

确定排放基线的因素 表 4-4

车辆类型*	速度	燃料类型			燃料效率		CO_2 排放因子/每升燃料		CO_2 排放因子/千米		平均每千米 CO_2 排放量	平均占有率	平均 CO_2 排放/每位乘客每千米
	km/h	%			km/L		kg CO_2/L		kg CO_2/km		kg CO_2/km		kg CO_2/km
		汽油	柴油	合计	汽油	柴油	汽油	柴油	汽油	柴油	所有燃料	所有燃料	所有燃料
小汽车	22	95	5	100	9	11	2.75424	2.94348	0.3060267	0.2675891	0.304105	1.20	0.253421
出租车	22	30*	70*	100	8	11	2.75424	2.94348	0.34428	0.2675891	0.290596	1.10	0.264179
公交车	22	—	100	100	1.8	2.2	2.75424	2.94348	1.5301333	1.3379455	1.337945	45.00	0.029732

（数据来源：全球环境基金赠款项目评估文件）

注：* 交通工具汽油、柴油比例将根据实际调研比例进行调整。

了温室气体排放。因此这部分的减排量可以基于选择长短途大巴替代小汽车出行的乘客数量计算,无需计算基线情境下的排放量。

4.4　黎托综合客运枢纽现场调研

湖南龙骧集团黎托综合客运枢纽站接受委托,于 2014 年 9 月 1 日至 2016 年 2 月 25 日对进出站乘客开展了问卷调查(图 4-3),每次调查为期 7 天,分别针对市区层面出行乘客及区域层面出行乘客发放调查问卷各 3000 份。

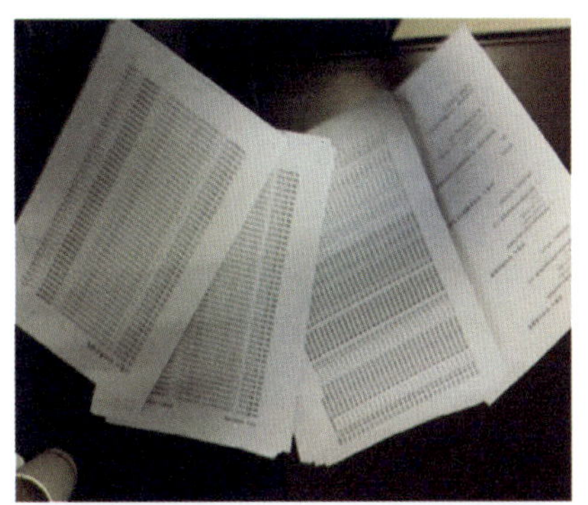
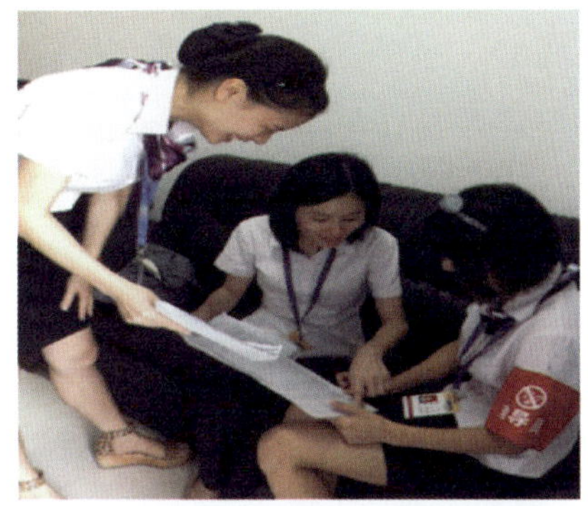

图 4-3　黎托综合客运枢纽站现场问卷调查

4.5　黎托综合客运枢纽 2014 年温室气体排放计算

调查问卷收回后,首先对其进行逻辑审核,核选出内容填写完整、符合逻辑的问卷,然后汇总各组问卷并统计初步有效问卷数量,归档保存。

数据录入采用Excel数据库形式，以便于后期数据处理。数据分析采用加权平均的方法，计算出不同交通方式的百分比构成以及人均出行距离，最后得出该客运枢纽节能减排评估所需要的数据。

根据问卷调查结果，黎托综合客运枢纽站2014年客流数据如表4-5所示。

黎托综合客运枢纽站2014年客流数据　　表4-5

内容		项目	基线数据	2014.9.1—9.7
客流量(人/天)		长沙火车南站日客流量(人/天)	48000	57000
		黎托汽车站日客流量(人/天)	5056	9000
市区	交通分担率(%)	地铁	20	21.60
		公交车	16	23.30
		出租车	34	25.50
		私人小汽车	30	24.50
		步行	0	5
		其他(摩的等)	0	0.10
区域	枢纽建成前主要出行方式(%)	长短途公交车	5056	91.89
		出租车		2.58
		私人小汽车		3.73
		其他		1.80

（数据来源：2014年9月黎托综合枢纽现场调查）

1）市区层面碳排放

Q：总日客流量，$Q=48000$。

R_i：第i种交通方式分担率，其中地铁21.6%、公交车23.3%、出租车25.5%、私人小汽车24.5%、步行5%，其他交通方式（摩的等）0.1%（可忽略）。

因此，截至枢纽建成后的2014年9月，市区层面每日碳排量如表4-6所示。

黎托综合客运枢纽站2014年市区层面碳排量　　表4-6

调研数据	出行方式	比例(%)	排放因子	碳排放量 kg CO_2
距离	地铁	21.60	0	0
13.4km	公交车	23.30	0.029732	4455.804019
人数	出租车	25.50	0.1808	29654.0928
48000人/天	私人小汽车	24.50	0.253421	39935.09486
总计				74044.99168

当客流量上升到48000人/天时，碳排放量为74045kg CO_2，市区层面每日基线碳排量如表4-7所示。

黎托综合客运枢纽站 2014 年市区层面基线碳排量　　表 4-7

调研基线	出行方式	比例(%)	排放因子	碳排放量 kg CO_2
距离	地铁	20	0	0
12km	公交车	16	0.029732	2403.297024
人数	出租车	34	0.1808	31055.6544
42100 人/天	私人小汽车	30	0.253421	38408.48676
总计				71867.43818
48000 人/天	—			81939

$$E^0_{市区} = 81939\text{kg } CO_2$$

因此,市区层面每日减排量为:

$$E_{市区} = E^0_{市区} - E'_{市区} = 81939 - 74045 = 7894\text{kg } CO_2$$

2)区域层面碳排放

根据问卷调查的数据,黎托客运枢纽站乘坐长短途大巴的旅客中,在枢纽建成以前通常选择前往目的地的方式是:长短途大巴 91.89%,出租车 2.58%,私人小汽车 3.73%,其他 1.80%(火车等)。

根据公式(3-7)计算区域层面减排量为:

$$E_{区域} = 8529\text{kg } CO_2$$

结合前面结果,黎托枢纽站每日减排量为:

$$E = E_{市区} + E_{区域} = 16423\text{kg } CO_2$$

按调查数据测算,2014 年碳减排量为 0.5995 万 t CO_2。

4.6 黎托综合客运枢纽 2015 年温室气体排放计算

4.6.1 黎托综合客运枢纽 2015 年第 1 次温室气体排放计算

黎托综合客运枢纽 2015 年第 1 次调研数据如表 4-8 所示。

1)市区层面碳排放

R_i:第 i 种交通方式分担率,其中地铁 22.5%、公交车 27.5%、出租车 20%、私人小汽车 23%、步行 7%(可取消),其他交通方式(摩的等)0.4%。

D_i:第 i 种交通方式的平均出行距离,调研平均值为 16km。

因此,市区层面每日碳减排量如表 4-9 所示。

黎托综合客运枢纽站 2015 年第 1 次调研数据　表 4-8

内　容		项　目	基线数据	2015 年春运 2015.2.24—3.2
客流量(人/天)		长沙火车南站日客流量(人/天)	48000	117500
		黎托汽车站日客流量(人/天)	5056	6400
市区	交通分担率(%)	地铁	20	22.50
		公交车	16	27.50
		出租车	34	20
		私人小汽车	30	23
		步行	0	7
		其他(摩的等)	0	0.40
区域	枢纽建成前主要出行方式(%)	长短途公交车	5056	90.60
		出租车		2.60
		私人小汽车		3.80
		其他		3.00

(数据来源:2015 年黎托综合枢纽现场调研数据)

黎托综合客运枢纽站 2015 年第 1 次市区层面碳减排量　表 4-9

调研数据	出行方式	比例(%)	排放因子	碳排放量 kg CO_2
距离	地铁	22.50	0.06	23997.6
16km	公交车	27.50	0.029732	14534.19088
人数	出租车	20	0.1808	64278.016
111100 人/天	私人小汽车	23	0.253421	103610.669
总计	—	93.00	—	182422.8759
2015 年第 1 次基线数据转换碳排放				
调研基线转换	出行方式	比例(%)	排放因子	碳排放量 kg CO_2
距离	地铁	20	0.06	21331.2
16km	公交车	16	0.029732	8456.256512
人数	出租车	34	0.1808	109272.6272
111100 人/天	私人小汽车	30	0.253421	135144.3509
总计				252873.2346
2015 年第 1 次市区碳减排				70450.3587

当该枢纽日客流量上升至 111100 人/天时,市区层面每日减排量为:

$$E_{市区}=E^{0}_{市区}-E'_{市区}=252873-182422=70451\text{kg } CO_2$$

2)区域层面碳排放

根据调研数据，黎托客运枢纽站乘坐长短途大巴的旅客中，在枢纽建成以前通常选择前往目的地的方式是：长短途大巴 90.6%、出租车 2.6%、私人小汽车 3.8%，其他 3%（火车等）。其中出行人数为 3200 人，出行距离为 156km。

根据公式（3-7），计算黎托综合客运枢纽 2015 年第一次区域层面的碳减排量为 6546kg，见表 4-10。

黎托综合客运枢纽站 2015 年第 1 次区域层面碳减排　　表 4-10

调 研 参 数	出行方式	比例（%）	排放因子	单位减排因子	碳减排量 kg CO_2
距离：156km	大巴车	—	0.019	—	—
人数：3200 人/天	出租车	2.60	0.1808	0.1618	2100.03456
	私人小汽车	3.80	0.253421	0.234421	4446.872602
2015 年第 1 次区域碳减排	6546.907162				

结合前述结果，黎托枢纽站每日总减排量为市区层面碳减排量和区域层面碳减排量的总和，即 76997kg。

4.6.2 黎托综合客运枢纽 2015 年第 2 次温室气体排放计算

黎托综合客运枢纽 2015 年第 2 次调研数据如表 4-11 所示。

黎托综合客运枢纽 2015 年第 2 次调研数据　　表 4-11

内　　容		项　　目	基线数据	2015 年平时 2015.5.30—6.5
客流量（人/天）		长沙火车南站日客流量（人/天）	48000	60000
		黎托汽车站日客流量（人/天）	5056	4800
市区	交通分担率（%）	地铁	20	24.70
		公交车	16	30.50
		出租车	34	17
		私人小汽车	30	20
		步行	0	7
		其他（摩的等）	0	0.40
区域	枢纽建成前主要出行方式（%）	长短途公交车	5056	89.00
		出租车		2.60
		私人小汽车		3.90
		其他		4.50

（数据来源：2015 年黎托综合客运枢纽现场调研数据）

1）市区层面碳排放

R_i：第 i 种交通方式分担率，其中地铁 24.7%、公交车 30.5%、出租车 17%、私人小汽车 20%、步行 7%，其他交通方式（摩的等）0.4%。

根据公式（3-5）和公式（3-6），黎托综合客运枢纽 2015 年第 2 次市区层面的碳减排量如表 4-12 所示。

黎托综合客运枢纽站 2015 年第 2 次市区层面碳减排量　　表 4-12

调研数据	出行方式	比例（%）	排放因子	碳排放量 kg CO_2
距离	地铁	24.70	0.06	13089.024
16km	公交车	30.50	0.029732	8009.087232
人数	出租车	17	0.1808	27146.0352
55200 人/天	私人小汽车	20	0.253421	44764.28544
总计				79919.40787
2015 年第 2 次年基线数据转换碳排放				
调研基线转换	出行方式	比例（%）	排放因子	碳排放量 kg CO_2
距离	地铁	20	0.06	10598.4
16km	公交车	16	0.029732	4201.488384
人数	出租车	34	0.1808	54292.0704
55200 人/天	私人小汽车	30	0.253421	67146.42816
总计				125639.9869
2015 年第 2 次市区碳减排				45720.57907

当客流量上升至 55200 人/天时，市区层面每日减排量为：

$$E_{市区} = E^0_{市区} - E'_{市区} = 125639 - 79919 = 45720\text{kg } CO_2$$

2）区域层面碳排放

根据调研数据，黎托客运枢纽站乘坐长短途大巴的旅客中，在枢纽建成以前通常选择前往目的地的方式是：长短途大巴 89%、出租车 2.6%、私人小汽车 3.9%，其他 4.5%（火车等）。其中出行人数为 2400 人，出行距离为 156km。

根据公式（3-7）计算区域层面碳减排量为 4999kg CO_2。

因此，黎托枢纽站每日减排量为市区层面碳减排量和区域层面碳减排量的总和为 50719kg CO_2。

4.6.3 黎托综合客运枢纽 2015 年第 3 次温室气体排放计算

黎托综合客运枢纽 2015 第 3 次调研数据如表 4-13 所示。

黎托综合客运枢纽 2015 年第 3 次调研数据　　表 4-13

内　容		项　目	基线数据	2015 年暑期 2015.9.1—9.7
客流量(人/天)		长沙火车南站日客流量(人/天)	48000	100000
		黎托汽车站日客流量(人/天)	5056	5600
市区	交通分担率(%)	地铁	20	26.50
		公交车	16	36.40
		出租车	34	13
		私人小汽车	30	16.60
		步行	0	2.00
		其他(摩的等)	0	5
区域	枢纽建成前主要出行方式(%)	长短途公交车	5056	91.00
		出租车		2.80
		私人小汽车		4.20
		其他		2.00

(数据来源:2015 年黎托综合客运枢纽现场调研数据)

1)市区层面碳排放

D_i:第 i 种交通方式的平均出行距离,调研平均值为 16km。

则黎托综合客运枢纽 2015 市区层面第 3 次碳减排量如表 4-14 所示。

黎托综合客运枢纽 2015 年市区层面第 3 次碳减排量　　表 4-14

调研数据	出行方式	比例(%)	排放因子	碳排放量 kg CO_2
距离	地铁	26.50	0.06	24015.36
16km	公交车	36.40	0.029732	16346.22546
人数	出租车	13	0.1808	35500.4416
94400 人/天	私人小汽车	16.60	0.253421	63539.33501
总计				115386.0021
2015 年第 3 次年基线数据转换碳排放				
调研基线转换	出行方式	比例(%)	排放因子	碳排放量 kg CO_2
距离	地铁	20	0.06	18124.8
16km	公交车	16	0.029732	7185.154048
人数	出租车	34	0.1808	92847.3088
94400 人/天	私人小汽车	30	0.253421	114830.1235
总计				214862.5864
2015 年第 3 次市区碳减排				99476.58429

从上表得出,当客流量上升至94400人/天时,市区层面每日减排量为:

$$E_{市区}=E^0_{市区}-E'_{市区}=214863-115386=99477\text{kg } CO_2$$

2)区域层面碳减排

根据调研数据,黎托客运枢纽站乘坐长短途大巴的旅客中,在枢纽建成以前通常选择前往目的地的方式是:长短途大巴91%、出租车2.8%、私人小汽车4.2%,其他2%(火车等)。其中出行人数为2800人,出行距离为176km。

根据公式(3-7),区域层面减排量计算为7084kg CO_2。

结合前述结果,得到黎托枢纽站每日碳减排量为:

$$E=E_{市区}+E_{区域}=106561\text{kg } CO_2$$

4.6.4 黎托综合客运枢纽2015年第4次温室气体排放计算

黎托综合客运枢纽2015年第4次调研数据如表4-15所示。

黎托综合客运枢纽2015年第4次调研数据 表4-15

内　容		项　目	基线数据	2015年平时 2015.11.12—11.18
客流量(人/天)		长沙火车南站(高铁)日客流量(人/天)	48000	70000
		黎托高速汽车站(长短途)日客流量(人/天)	5056	4000
市区	交通分担率(%)	地铁	20	27.20
		公交车	16	45.20
		出租车	34	11
		私人小汽车	30	14
		步行	0	2
		其他(摩的等)	0	0.10
区域	枢纽建成前主要出行方式(%)	长短途公交车	5056	90
		出租车		3
		私人小汽车		4
		其他		2.80

(数据来源:2015年黎托综合枢纽现场调研数据)

1)市区层面碳排放

R_i:第i种交通方式分担率,其中地铁27.2%、公交车45.2%、出租车11%,私人小汽车14%、步行2%,其他交通方式(摩的等)0.1%。

D_i:第i种交通方式的平均出行距离,调研平均值为20km。

黎托综合客运枢纽 2015 年市区层面第 4 次碳减排量如表 4-16 所示。

黎托综合客运枢纽 2015 年第 4 次市区层面碳减排量 表 4-16

调研数据	出行方式	比例(%)	排放因子	碳排放量 kg CO_2
距离	地铁	27.20	0.06	21542.4
20km	公交车	45.20	0.029732	17739.30048
人数	出租车	11	0.1808	26252.16
66000 人/天	私人小汽车	14	0.253421	46832.2008
总计				90823.66128
2015 年第 4 次年基线数据转换碳排放				
调研基线	出行方式	比例(%)	排放因子	碳排放量 kg CO_2
距离	地铁	20	0.06	15840
20km	公交车	16	0.029732	6279.3984
人数	出租车	34	0.1808	81143.04
66000 人/天	私人小汽车	30	0.253421	100354.716
总计				187777.1544
2015 年第 4 次市区碳减排				96953.49312

当客流量上升至 66000 人/天时,市区层面每日碳减排量为:

$$E_{市区}=E^{0}_{市区}-E'_{市区}=187777-90823=96954\text{kg } CO_2$$

2)区域层面碳减排

根据调研得到的数据,黎托客运枢纽站乘坐长短途大巴的旅客中,在枢纽建成以前通常选择前往目的地的方式是:长短途大巴 90%、出租车 3%、私人小汽车 4%,其他 2.8%(火车等)。其中出行人数为 2000 人,出行距离为 197km。

因此,E 区域层面碳减排量为:

$$E_{区域}=5849\text{kg } CO_2$$

结合前述结果,得到黎托枢纽站每日减排量为:

$$E=E_{市区}+E_{区域}=102803\text{kg } CO_2$$

4.6.5 黎托综合客运枢纽 2015 年温室气体减排量计算

根据调研结果计算,黎托综合客运枢纽 2015 年基本数据如表 4-17 所示。

根据现场调研,春运期为 40 天,日碳减排量为 76997kg CO_2,春运期间碳减排量共计 $76997\times40=3079891$kg CO_2。

平时的碳减排量为:$(50719\times142+102803\times143)=21902927$kg CO_2。

暑期为 40 天,日碳减排量为 106561kg CO_2,暑期碳减排量共计 $106561\times40=$

4262445kg CO_2。

2015 年的年碳减排量为：

春运期 + 平时 + 暑期 = 3079891 + 21902927 + 4262445 = 29245247kg CO_2，即 2.9245 万 t CO_2。

黎托综合客运枢纽站 2015 年基本数据　　表 4-17

内　容		项　目	基线数据	春运 2015.2.24—3.2	平时 2015.5.30—6.5	暑期 2015.9.1—9.7	平时 2015.11.12—11.18
客流量（人/天）		长沙火车南站日客流量（人/天）	48000	117500	60000	100000	70000
		黎托汽车站日客流量（人/天）	5056	6400	4800	5600	4000
市区	交通分担率（%）	地铁	20	22.50	24.70	26.50	27.20
		公交车	16	27.50	30.50	36.40	45.20
		出租车	34	20	17	13	11
		私人小汽车	30	23	20	16.60	14
		步行	0	7	7	2.00	2
		其他（摩的等）	0	0.40	0.40	5	0.10
区域	枢纽建成前主要出行方式（%）	长短途公交车	5056	90.60	89.00	91.00	90
		出租车		2.60	2.60	2.80	3
		私人小汽车		3.80	3.90	4.20	4
		其他		3.00	4.50	2.00	2.80
日减少碳排放量（kg CO_2）				76997	50719	106561	102803

4.7 黎托综合客运枢纽 2016 年温室气体排放计算

黎托综合客运枢纽 2016 年调研数据如表 4-18 所示。

1）市区层面碳排放

R_i：第 i 种交通方式分担率，其中地铁 29.1%、公交车 49%、出租车 8%、私人小汽车 9%、步行 4.8%，其他交通方式（摩的等）0.1%。

D_i：第 i 种交通方式的平均出行距离，调研平均值为 20km。

根据公式（3-5）和公式（3-6），黎托综合客运枢纽 2016 年市区层面碳减排量如表 4-19 所示。

黎托综合客运枢纽 2016 年调研数据　　表 4-18

内　容		项　目	基线数据	2016 春运 2016.2.17—2.25
客流量(人/天)		长沙火车南站(高铁)日客流量(人/天)	48000	85000
		黎托高速汽车站(长短途)日客流量(人/天)	5056	6600
市区	交通分担率(%)	地铁	20	29.10
		公交车	16	49
		出租车	34	8
		私人小汽车	30	9
		步行	0	4.80
		其他(摩的等)	0	0.10
区域	枢纽建成前主要出行方式(%)	长短途公交车	5056	89.00
		出租车		3.30
		私人小汽车		4.60
		其他		3.10
日碳排放量(kg CO_2)				151507

(数据来源:2016 年黎托综合枢纽现场调研数据)

黎托综合客运枢纽 2016 年市区层面碳减排量　　表 4-19

调研数据	出行方式	比例(%)	排放因子	碳排放量 kg CO_2
距离	地铁	29.10	0.06	27377.28
20km	公交车	49	0.029732	22843.69024
人数	出租车	8	0.1808	22679.552
78400 人/天	私人小汽车	9	0.253421	35762.77152
总计				81286.01376
2016 年基线数据转换碳排放				
调研基线转换	出行方式	比例(%)	排放因子	碳排放量 kg CO_2
距离	地铁	20	0.06	18816
20km	公交车	16	0.029732	7459.16416
人数	出租车	34	0.1808	96388.096
78400 人/天	私人小汽车	30	0.253421	119209.2384
总计				223056.4986
2016 年市区碳减排				141770.4848

当客流量上升至 78400 人/天时,市区层面每日碳减排量为:

$$E_{市区} = E^{0}_{市区} - E'_{市区} = 223056 - 81286 = 141770\text{kg } CO_2$$

2)区域层面碳减排

根据调研得到的数据,黎托客运枢纽站乘坐长短途大巴的旅客中,在枢纽建成以前通常选择前往目的地的方式是:长短途大巴 89%、出租车 3.3%、私人小汽车 4.6%,其他 3.1%(火车等)。其中出行人数为 3300 人,出行距离为 183km。

根据公式(3-7),区域层面碳减排量为:

$$E_{区域}=9737\text{kg } CO_2$$

结合前面结果,黎托综合客运枢纽站每日碳减排量为:

$$E=E_{市区}+E_{区域}=151507\text{kg } CO_2$$

2016 年春运期共为 40 天,期间每日碳减排量为 151507kg CO_2,则整个春运期间枢纽碳减排量共计 151507 ×40 =6060281kg CO_2。

根据铁路部门相关数据,预测 2016 年黎托综合客运枢纽站平均日客流量为 69959 人(预测见图 4-4)。

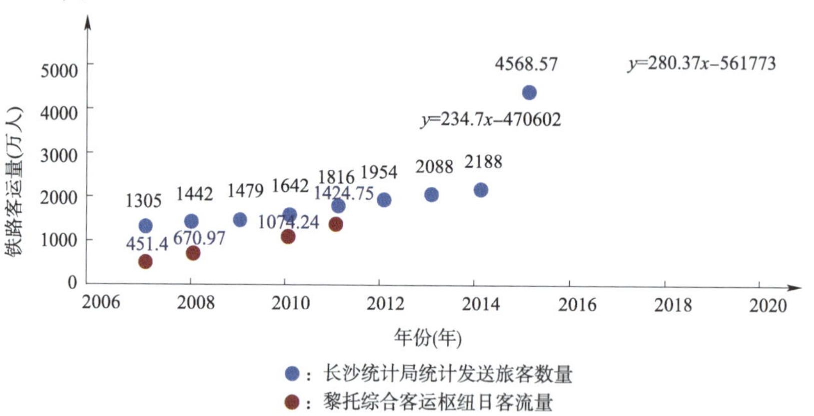

图 4-4 长沙铁路客运量和长沙南站客运量线性预测图

本次调研计算碳减排量期间的平均日客流量取值为 70000 人,其碳减排量能够代表 2016 年大多数情况,具有普适性,所以本次计算除春运期及暑期的客流高峰期外,均采用平时调研期间所采用的平均每日碳减排量 102802kg CO_2 计算。

2016 年平时的碳减排量共计为:102802 ×285 =29298682kg CO_2。

由于 2016 年暑期还未到,根据 2015 年暑期的交通分担率和碳减排计算结果推算 2016 年暑期碳减排量。预测中采用 2016 年暑期客流量 110000 人/日,2015 年暑期市区层面碳减排量为平均每日 99476kg CO_2,客流量为 100000,则 2016 年修正后的区域层面日碳减排量为 99476 ×110000/100000 =109424kg CO_2。参照黎托大巴车站数据曲线,大巴车发送量班车较平稳,因此区域层面不进行修正,碳减排量为 7085kg CO_2。暑期为 40 天,日碳减排量为 109424 +7085 =116509kg CO_2,整个暑期碳减排量共计为 116509 ×40 =4660351kg CO_2。

经测算,2016 年的年碳减排量预计为:

春运期 + 平时 + 暑期 = 6060281 + 29298682 + 4660351 = 40019314kg CO_2,即该枢纽站 2016 年的年碳减排量将为 4.0019 万 t CO_2。

4.8 黎托综合客运枢纽站节能减排效果评价

4.8.1 综合客运枢纽站的建成对出行人数的影响

在 2014—2016 年的整个调研期间,黎托综合客运枢纽站日客流量情况如表 4-20 所示,客流量的变化如图 4-5 所示。

黎托综合客运枢纽站日客运量　　表 4-20

内容	项目	基线客流量	2014 年暑期平均每日客流量	2015 年春运期平均每日客流量	2015 年 5~6 月日平均客运量	2015 年暑期日平均客流量	2015 年 11~12 月日平均客流量	2016 年春运日平均客流量	2016 年暑期预测日平均客流量
客流量(人/天)	长沙火车南站日客流量	48000	57000	117500	60000	100000	70000	85000	110000
	黎托汽车站日客流量	7900	9000	6400	4800	5600	4000	6600	6000
	黎托汽车站发送人数	5056	5593	3200	2400	2800	2000	3300	3000

(数据来源:可行性研究报告及湖南龙骧交通发展集团统计数据)

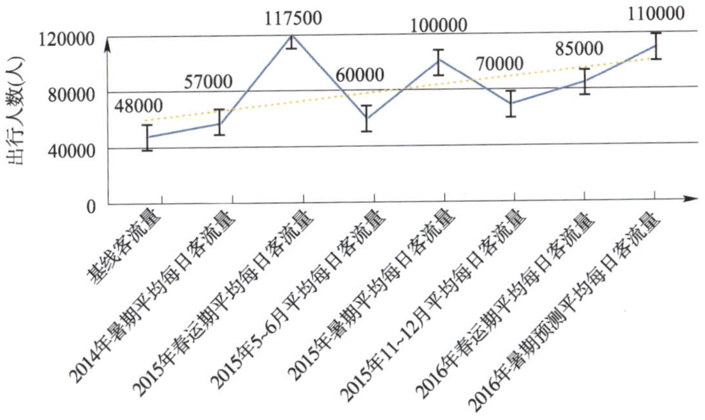

图 4-5　黎托综合客运枢纽的日客流量

黎托综合客运枢纽于2014年开始运营，日客流量从基线时的48000人显著增长到2016年的110000人。目前枢纽便捷性已经逐渐体现，随着城市的发展，客流量将会持续增长。

4.8.2 黎托综合客运枢纽站的建成对出行距离的影响

黎托综合客运枢纽站基线范围内平均出行距离变化情况见表4-21和图4-6。

黎托综合客运枢纽站平均出行距离变化表 表4-21

内容	基线距离（km）	2014年	2015年第1次	2015年第2次	2015年第3次	2015年第4次	2016年第1次
市区层面	12.00	13.40	16.00	16.00	16.00	19.96	20.00
区域层面	200.00	118.05	156.00	155.98	176.00	197.48	183.33

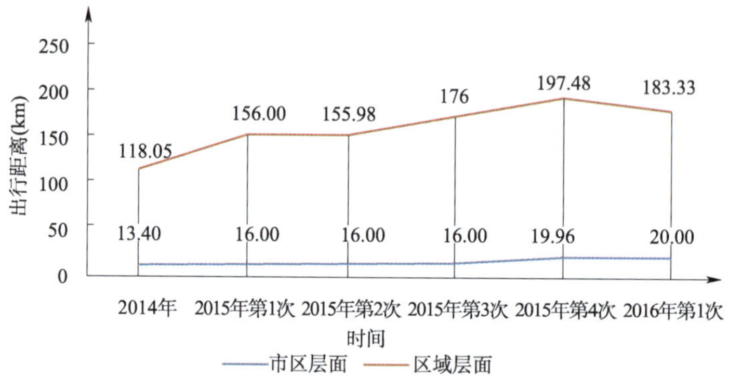

图4-6 黎托综合客运枢纽乘客日出行距离变化

由于枢纽的便利性和城市人口的增长，黎托综合客运枢纽的客运量将会逐年增加，人均出行距离也随着客运枢纽的建成发生了变化。由图4-6我们可以发现，市区层面黎托枢纽站的人均出行距离逐渐增长，由基线的12km增加到20km。因黎托综合客运枢纽主要以高铁为主，发送大巴车旅客量不多，规模较小，开通班次较少，区域层面黎托综合客运枢纽的出行距离变化差距不大。

4.8.3 黎托综合客运枢纽站的建成对出行方式的影响

黎托客运枢纽站三年(2014～2016年)交通分担率情况见表4-22。

如图4-7所示，黎托综合客运枢纽站选择公共交通出行方式的人数占比由基线15%逐年提高到第3年的50%左右。地铁的出行比率也由20%逐渐增长到30%左右，出租车和私家车的使用比率显著下降，分别从基线情况的34%和30%下降到第3年的8%左右。随着枢纽站TOD模式的推进、枢纽站便利换乘方式以及旅客节能减排绿色出行意识的提高，选择公共交通出行方式的人显著增多。

黎托综合客运枢纽三年(2014～2016 年)交通分担率变化　　表 4-22

内容		项目	基线数据	第 1 年	第 2 年第 1 次	第 2 年第 2 次	第 2 年第 3 次	第 2 年第 4 次	第 3 年第 1 次
市区	交通分担率(%)	地铁	20	21.60	22.50	24.70	26.50	27.20	29.10
		公交车	16	23.30	27.50	30.50	36.40	45.20	49
		出租车	34	25.50	20	17	13	11	8
		私人小汽车	30	24.50	23	20	16.60	14	9
		步行	0	5	7	7	2.00	2	4.80
		其他	0	0.10	0.40	0.40	5	0.10	0.10
区域	枢纽建成前主要出行方式(%)	长短途公交车	5056	91.89	90.60	89.00	91.00	90	89.00
		出租车		2.58	2.60	2.60	2.80	3	3.30
		私人小汽车		3.73	3.80	3.90	4.20	4	4.60
		其他		1.80	3.00	4.50	2.00	2.80	3.10

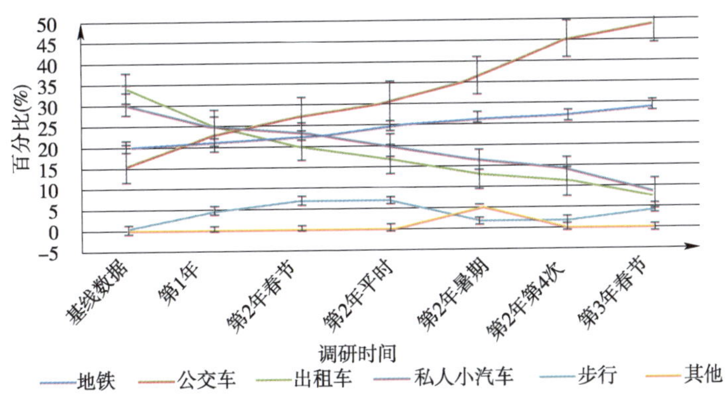

图 4-7　黎托综合客运枢纽交通分担率变化对比

4.8.4 黎托综合客运枢纽站节能减排效果

根据调研数据及统计数据，利用节能减排评价方法学计算综合客运枢纽站的碳减排量，黎托客运枢纽 2014 年碳减排的总量为 0.5995 万 t CO_2，2015 年碳减排总量 2.9245 万 t CO_2，2016 年碳减排总量 4.0019 万 t CO_2，碳减排效果逐年提高，如图 4-8 所示。

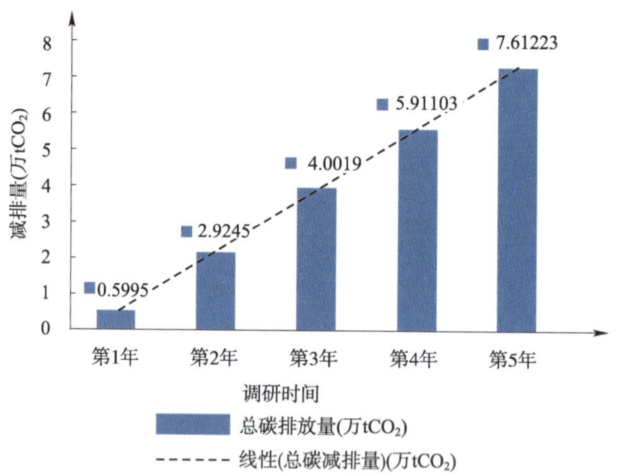

图 4-8　黎托综合客运枢纽节能减排效果

可以预见,随着时间的推移和出行人数的增加,黎托综合客运枢纽站将在节能减排方面发挥越来越大的作用。

第5章

评估案例研究——湘江新区综合客运枢纽站

长沙湘江新区综合客运枢纽工程集交通换乘中心、创新创业中心、商业购物中心、文化娱乐中心、信息处理中心、智能交通示范中心于一体，是长沙重要综合交通枢纽之一，其碳减排效果将对长沙市的节能减排产生重要的影响。

本研究团队通过问卷调查、现场收集资料、查阅交通流量年鉴等方式获取大量调研数据，并使用电子表格对收集数据进行统计，利用 CDM 方法学，结合湘江新区交通枢纽自身特点，对其进行碳排放计算。由于湘江新区综合客运枢纽站于 2015 年 9 月 30 日开始试运营，所以只统计测算了 2015—2016 年的年度碳减排量，分别为 3.8775 万 t 和 5.3097 万 t CO_2。

5.1 长沙湘江新区综合客运枢纽工程简介

长沙湘江新区综合客运枢纽工程占地总面积 14.53 万 m^2，总建筑面积 31.5 万 m^2，总投资 30 亿元人民币，其中交通功能区总投资 14 亿元人民币。

湘江新区综合客运枢纽工程的主要特点如下：

(1)该客运枢纽是长沙综合换乘量最大的内外交通集散中心，是国家公路运输复合型枢纽的重要组成部分(客运一级站)，同时也是市内多条公交线路首末站的集运中心、地铁 2 号线的枢纽车站和市内其他交通方式的接驳点。

(2)该客运枢纽是集合国际先进设计理念和交通规划建设的试验性、示范性综合客运枢纽，它将地铁、快速公交(BRT)和长途客运、城市公交等交通方式高效交汇，各交通方式之间的换乘时间缩短至 5min，换乘距离缩短至 60m 以内，实现了“零换乘”。

(3)该枢纽接驳长—益—常城际轻轨(LRT)和规划中的湘渝高铁，实现省际、省内快速出行；将综合应用智能交通技术(ITS)、3G 通信技术、物联网技术，实现人、车、站、路四维一体的信息处理与共享。

(4)该枢纽实现“网网通”，在枢纽内乘客可以畅通无阻地通过手机、互联网、信息服务台等方式购买车票。该枢纽实现与机场无缝对接，在枢纽内可以办理航空安检、换领登机牌等手续。

(5)该枢纽工程配套建设地标性建筑，打造先导区创新创业活力中心，为商旅人士、商务精英、创新型企业提供创业、兴业、乐业的一体化商务平台。

(6)配套建设大型购物中心，为商旅人士和邻近居民提供一站式消费的城市配套设施。

在功能定位上，长沙湘江新区枢纽站是长株潭两型试验先导区，体现资源节约和环境友好的综合交通运输体系和复合型枢纽的重要节点，是长株潭综合交通运输体系构建的重要支撑、长沙市内交通多种方式聚集的综合枢纽、先导区现代服务核心区域的重要组成部分，还是最便捷的商务活动中心，因此它是集合国际先进交通科学设计思想和规划建设的试验性、示范性综合客运枢纽。

长沙湘江新区综合客运枢纽站是以现存的汽车站为基础，整合了城铁、公交等公共交通出行方式的综合性客运枢纽，如图 5-1 所示。长沙湘江新区综合客运枢纽站的结构被设计为可随时拆卸和改造（图 5-2），以便将来应对作为长途或短途客车、城市公交运输和城市铁路的多种交通方式综合枢纽中心的挑战。根据交通需求分析，到 2021 年，枢纽日均综合换乘量将超过 25 万人，客运发送量达到 8 万人。

图 5-1　湘江新区综合客运枢纽站效果图

图 5-2　湘江新区综合客运枢纽工程图

5.2 评估时间节点划分

由于交通枢纽客流量及客运量受季节、天气、节假日等因素影响波动较大，因此本研究以年为单位阐述该综合客运枢纽减排量的评估。该客运枢纽自2015年9月30日开始试运营，本研究选取平时和春运两个时间段各7天时间进行了抽样调查。具体抽样调查时间安排见表5-1。

抽样调查时间安排　　表5-1

枢　　纽	时　间　安　排	时　期	监测数据所支持的报告
湘江新区	2015年11月12日—18日	平时	监测报告
	2016年2月17日—25日	春运期	

5.3 基线排放计算

由于湘江新区综合交通客运枢纽属于商业开发加轨道交通模式，与黎托综合交通客运枢纽的模式完全不同，基线排放评估涉及的相关数据如各种交通方式分担率、人均出行距离等没有现成的数据可以获取，因此基线排放评估所需的相关数据主要取自湘江新区综合客运枢纽可行性研究报告。

市区层面湘江新区综合交通客运枢纽涉及的主要交通方式如表5-2所示，湘江新区综合客运枢纽站基线评估基本数据如表5-3所示。

湘江新区综合客运枢纽站涉及交通方式　　表5-2

类　　别	远　　途	市　　区				
交通出行方式	长短途客运	公交车	地铁	出租车	私人小汽车	其他
湘江新区综合客运枢纽站	√	√	√	√	√	√

湘江新区综合客运枢纽站基线评估基本数据　　表5-3

客流数据	湘江新区综合交通客运枢纽站日客流量(人/天)	50640
	默认通勤距离(km)	12
交通分担率(%)	地铁	50
	公交车	30
	出租车	12
	私人小汽车	8

(数据来源：湘江新区综合交通客运枢纽可行性研究报告)

5

根据减排模型，湘江新区综合客运枢纽站每日往来乘客可以分为如下三类：

(1)抵达湘江新区综合客运枢纽站的乘客 Q_1。

(2)离开湘江新区综合客运枢纽站的乘客 Q_2。

(3)通过客运站离开湘江新区综合客运枢纽站的乘客 Q_3。

确定排放基线的因素。排放因子(每位乘客单位路程)的计算是基于假设不同类型的燃料和车辆的平均速度均为 22km/h。清洁发展机制方法学选择可用的研究数据，而非政府间气候变化专门委员会的默认值(表 4-4)。表 4-4 显示了基线排放因素，取自全球环境基金交通运输项目温室气体收益计算手册。

对于湘江新区综合客运枢纽计算基线碳排放如下(市区层面碳排放)：

不同交通方式出行乘客数量(每日)：

$$Q_4 = Q_1 + Q_2 = 50640$$

根据可研报告的数据，市区层面湘江新区综合客运枢纽客运枢纽站的旅客交通客流量[根据式(3-6)计算]：

总日客流量 Q：

$$Q = Q_4 - Q_3 = 30640$$

R_i：第 i 种交通方式分担率，其中地铁 50%、公交车 30%、出租车 12%、私人小汽车 8%。

各种交通方式碳排放量分别根据式(3-5)计算(该公式中的 D_i 是第 i 种交通方式的平均出行距离，基线情景默认平均值为 12km)。

各种交通方式的碳排放因子分别为：

$EF_{公交车} = 0.029732\text{kg } CO_2/\text{km}$

$EF_{出租车} = 0.1808\text{kg } CO_2/\text{km}$

$EF_{私人小汽车} = 0.253421\text{kg } CO_2/\text{km}$

$EF_{其他(摩托车)} = 0.075\text{kg } CO_2/\text{km}$

$EF_{地铁} = 0.06\text{kg } CO_2/\text{km}$

湘江新区综合客运枢纽基线碳排放计算如表 5-4 所示。

湘江新区综合客运枢纽站基线碳排放　　表 5-4

调研基线	出行方式	比例(%)	排放因子	碳排放量 kg CO_2
距离	地铁	50	0.06	18230.4
12km	公交车	30	0.029732	5420.262528
人数	出租车	12	0.1808	13184.22528
50640 人/天	私人小汽车	8	0.253421	12319.90986
总计				49154.79767

5.4 湘江新区综合客运枢纽现场调研

湖南龙骧集团湘江新区综合客运枢纽站接受项目组委托,于2015年11月~2016年2月就乘客选择的交通方式、出行距离等开展了两次为期各7天的问卷调查(图5-3),分别针对市区层面出行乘客及区域层面出行乘客发放调查问卷各3000份。

图5-3 湘江新区综合客运枢纽站现场调查

5.5 湘江新区综合客运枢纽温室气体排放计算

调查问卷收回后，首先对其进行逻辑审核，核选出内容填写完整、符合逻辑的问卷，然后汇总各组问卷并统计初步有效问卷数量，归档保存。

数据录入采用 Excel 数据库形式，以便于后期数据处理。数据分析采用加权平均的方法，计算出不同交通方式的百分比构成以及人均出行距离。最后得到枢纽节能减排评估方法所需要的数据。

5.5.1 湘江新区综合客运枢纽 2015 年温室气体排放计算

湘江新区综合客运枢纽 2015 年调查数据如表 5-5 所示。

湘江新区综合客运枢纽 2015 年调查数据　　表 5-5

<table>
<tr><th colspan="2">内　　容</th><th>项　　目</th><th>基线数据</th><th>2015 年平时
11.12—11.18</th></tr>
<tr><td colspan="2" rowspan="2">客流量(人/天)</td><td>湘江新区综合客运枢纽日客流量(人/天)</td><td>50640</td><td>48000</td></tr>
<tr><td>湘江新区综合客运枢纽发送客流量(人/天)</td><td>25320</td><td>24000</td></tr>
<tr><td rowspan="6">市区</td><td rowspan="6">交通分担率(%)</td><td>地铁</td><td>50</td><td>50</td></tr>
<tr><td>公交车</td><td>30</td><td>31</td></tr>
<tr><td>出租车</td><td>12</td><td>10</td></tr>
<tr><td>私人小汽车</td><td>8</td><td>7</td></tr>
<tr><td>步行</td><td>0</td><td>2</td></tr>
<tr><td>其他(摩的等)</td><td>0</td><td>0</td></tr>
<tr><td rowspan="4">区域</td><td rowspan="4">枢纽建成前主要出行方式(%)</td><td>长短途公交车</td><td rowspan="4">29000</td><td>90</td></tr>
<tr><td>出租车</td><td>3</td></tr>
<tr><td>私人小汽车</td><td>6</td></tr>
<tr><td>其他</td><td>1</td></tr>
</table>

1) 市区层面碳排放

总日客流量 Q：$Q=24000$。

根据公式(3-5)和公式(3-6)计算，湘江新区综合客运枢纽市区层面碳减排计算见表 5-6。

湘江新区综合客运枢纽2015年市区层面碳减排计算 表5-6

调研数据	出行方式	比例(%)	排放因子	碳排放量 kg CO_2
距离	地铁	50	0.06	14400
20km	公交车	31	0.029732	4424.1216
人数	出租车	10	0.1808	8678.4
24000人/天	私人小汽车	7	0.253421	8514.9456
总计				21617.4672
基线数据转换碳排放				
调研基线转换	出行方式	比例(%)	排放因子	碳排放量 kg CO_2
距离	地铁	50	0.06	14400
20km	公交车	30	0.029732	4281.408
人数	出租车	12	0.1808	10414.08
24000人/天	私人小汽车	8	0.253421	9731.3664
总计				24426.8544
2015年市区碳减排				2809.3872

市民出行距离在20km情况下，当客流量上升到24000人/天时，市区层面的每日碳减排量为：

$$E_{市区} = E^0_{市区} - E'_{市区} = 24427 - 21617 = 2810\text{kg } CO_2$$

2）区域层面碳排放

根据调查数据，湘江新区综合客运枢纽乘坐长短途大巴的旅客中，在枢纽建成以前通常选择前往目的地的方式：长短途大巴90%、出租车3%、私人小汽车6%，其他1%（火车等）。日客流量为24000人，出行距离为218.31km。

结合上式，湘江新区综合客运枢纽2015年区域碳减排计算见表5-7。

湘江新区综合客运枢纽区域层面碳减排计算 表5-7

调研基线	出行方式	比例(%)	排放因子	单位减排因子	碳排放量 kg CO_2
距离:218.31km	大巴车	—	0.019	—	—
—	出租车	3	0.1808	0.1618	25432.24176
人数:24000人/天	私人小汽车	6	0.253421	0.234421	77992.90753
2015年区域碳减排					103425.1493

$$E_{区域} = 103425\text{kg } CO_2$$

结合前述结果，湘江新区综合客运枢纽平均每日碳减排量为：

$$E = E_{市区} + E_{区域} = 106235\text{kg } CO_2$$

5

5.5.2 湘江新区综合客运枢纽 2016 年温室气体排放计算

湘江新区综合客运枢纽 2016 年调查数据如表 5-8 所示。

湘江新区综合客运枢纽 2016 年调查数据　　表 5-8

内　容		项　目	基线数据	2016 年春运 2016.2.17—2.25
客流量(人/天)		湘江新区综合客运枢纽日客流量(人/天)	50640	54000
		湘江新区综合客运枢纽发送客流量(人/天)	25320	27000
市区	交通分担率(%)	地铁	50	51
		公交车	30	34
		出租车	12	8
		私人小汽车	8	5
		步行	0	2
		其他(摩的等)	0	0
区域	枢纽建成前主要出行方式(%)	长短途公交车	29000	89.05
		出租车		3.60
		私人小汽车		6.35
		其他		1.00

1)市区层面碳排放

Q:总日客流量,$Q=27000$。

计算式(3-5)中,D_i 是第 i 种交通方式的平均出行距离,调研平均值为 20km。

湘江新区综合客运枢纽 2016 年市区层面碳减排量如表 5-9 所示。

市民出行距离在 20km 的情况下,当客流量上升到 27000 人/天时,市区层面的每日碳减排量为:

$$E_{市区}=E^0_{市区}-E'_{市区}=27480-20111=7368\text{kg } CO_2$$

湘江新区综合客运枢纽 2016 年市区层面碳减排量　　表 5-9

调研数据	出行方式	比例(%)	排放因子	碳排放量 kg CO_2
距离	地铁	50	0.06	16200
20km	公交车	34	0.029732	5458.7952
人数	出租车	8	0.1808	7810.56
27000 人/天	私人小汽车	5	0.253421	6842.367
总计	—	—	—	20111.7222

5

续上表

2016 年基线数据转换碳排放				
调研基线转换	出行方式	比例(%)	排放因子	碳排放量 kg CO_2
距离	地铁	50	0.06	16200
20km	公交车	30	0.029732	4816.584
人数	出租车	12	0.1808	11715.84
27000 人/天	私人小汽车	8	0.253421	10947.7872
总计				27480.2112
2016 年市区碳减排				7368.489

2)区域层面碳排放

根据调研得到的数据,湘江新区综合客运枢纽乘坐长短途大巴的旅客中,在枢纽建成以前通常选择前往目的地的方式是:长短途大巴 89.05%、出租车 3.6%、私人小汽车 6.35%,其他 1%(火车等)。其中,日客流量为 27000 人,出行距离为 246.97km。

根据式(3-7)计算,湘江新区综合客运枢纽 2016 年区域层面碳减排如表 5-10 所示。

湘江新区综合客运枢纽区域层面碳减排量 表 5-10

调研基线	出行方式	比例(%)	排放因子	单位减排因子	碳排放量 kg CO_2
距离:246.97km	大巴车	—	0.019	—	—
	出租车	4	0.1808	0.1618	38840.87311
人数:27000 人/天	私人小汽车	6	0.253421	0.234421	99260.89927
区域碳减排					138101.7724

$$E_{区域} = 138102\text{kg CO}_2$$

结合前述结果,湘江新区综合客运枢纽每日碳减排量为:

$$ER = ER_{市区} + ER_{区域} = 145470\text{kg CO}_2$$

5.5.3 湘江新区综合客运枢纽 2015 年和 2016 年的温室气体减排量计算

湘江新区综合客运枢纽 2015 年和 2016 年调查数据如表 5-11 所示。

根据铁路部门相关数据,湘江新区综合客运枢纽 2015 年全年平均日发送旅客 24000 人,2015 年日平均碳减排量为 106234kg CO_2。

2015 年的年碳减排量为:106234 × 365 = 38775410kg CO_2。

湘江新区综合客运枢纽 2016 年全年平均日发送旅客 27000 人,2016 年日平均碳减排量为 145470kg CO_2。

2016 年的年碳减排量为:145470 × 365 = 53096550kg CO_2。

湘江新区综合客运枢纽调查数据　表 5-11

内　容		项　目	基线数据	2015.11.12—11.18	2016.2.17—2.25
客流量(人/天)		湘江新区综合客运枢纽日客流量(人/天)	50640	48000	54000
		湘江新区综合客运枢纽发送客流量(人/天)	25320	24000	27000
市区	交通分担率(%)	地铁	50	50	51
		公交车	30	31	34
		出租车	12	10	8
		私人小汽车	8	7	5
		步行	0	2	2
		其他(摩的等)	0	0	0
区域	枢纽建成前主要出行方式(%)	长短途公交车	29000	90	89.05
		出租车		3	3.60
		私人小汽车		6	6.35
		其他		1	1.00
日碳排放量(kg CO_2)				106234	145470

5.6 湘江新区综合客运枢纽站节能减排效果评价

5.6.1 湘江新区综合客运枢纽的建成对出行人数的影响

调研期间,湘江新区综合客运枢纽日客流量情况见表 5-12,客流量变化趋势如图 5-4 所示。

湘江新区综合客运枢纽日客运量　表 5-12

内　容	项　目	基线客流量	2015 年 11—12 月日平均客流量	2016 年春运日平均客流量
客流量(人/天)	湘江新区日客流量	50640	48000	54000
	湘江新区日发送旅客量	25320	24000	27000

(数据来源:可行性研究报告及湖南龙骧交通发展集团统计数据)

湘江新区综合客运枢纽的日客流量从基线客流量 50640 人小幅度增长到 2016 年调研时的 54000 人(图 5-4)。湘江新区综合客运枢纽的开通时间较短,受制于商业开发和交通功能尚不完备的影响较大。但是随着枢纽配套的逐步完备,其出行人数也会随着时间的推移得到显著的增长。

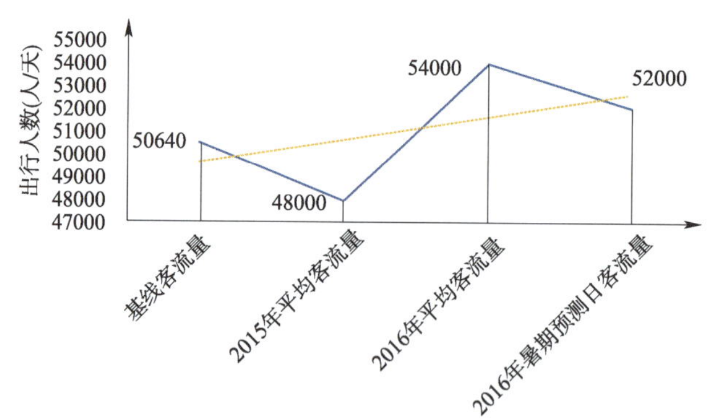

图 5-4　湘江新区综合客运枢纽的日客流量预测

5.6.2 湘江新区综合客运枢纽的建成对出行距离的影响

湘江新区综合客运枢纽站基线范围内平均出行距离变化见表 5-13 和图 5-5。

湘江新区综合客运枢纽平均出行距离变化　　表 5-13

内　　容	基线距离(km)	2015 年	2016 年
市区层面	12	20.00	20
区域层面	200	218.31	246.97

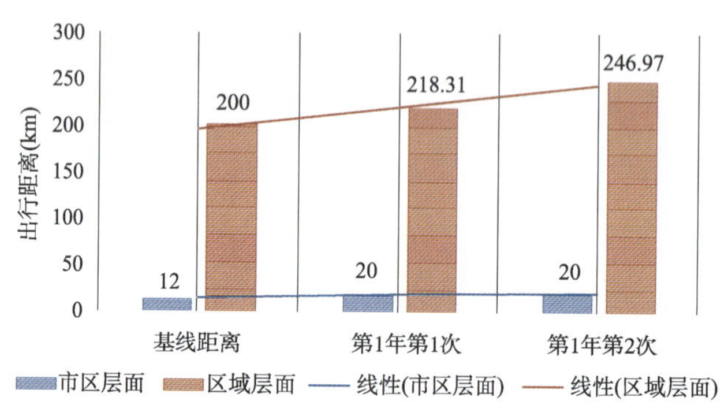

图 5-5　湘江新区综合客运枢纽乘客日出行距离变化

由于枢纽建成的便利性和城市人口的增长,湘江新区综合客运枢纽的客运量将会逐年增加,人均出行距离也随着客运枢纽的建成发生变化。由图 5-5 可以发现,市区层面枢组站的人均出行距离逐渐增大，由基线的 12km 增加到 20km。区域层面因湘江新区综合客运枢纽属于长沙市主要的大型长途汽车综合客运枢纽之一，发送旅客数量较多，班次较多，旅客的出行距离也达到 246.97km。

5.6.3 湘江新区综合客运枢纽的建成对出行方式的影响

湘江新区综合客运枢纽站 2014 年交通分担率情况见表 5-14。

湘江新区综合客运枢纽交通分担率变化　　表 5-14

内　容		项　目	基线数据	2015 年	2016 年
市区	交通分担率(%)	地铁	50	50	51
		公交车	30	31	34
		出租车	12	10	8
		私人小汽车	8	7	5
		步行	0	2	2
区域	枢纽建成前主要出行方式(%)	长短途公交车	—	90	89.05
		出租车		3	3.60
		私人小汽车		6	6.35
		其他		1	1.00

如图 5-6 所示，湘江新区综合客运枢纽站选择公共交通出行方式的人数占比逐年提高，增长至 34%，而小汽车和出租车的出行比率下降了 4%。随着枢纽站的公共交通模式的推行、枢纽站便利换乘方式以及旅客节能减排绿色出行意识的提高，预期选择公共交通出行方式的人会显著增多。

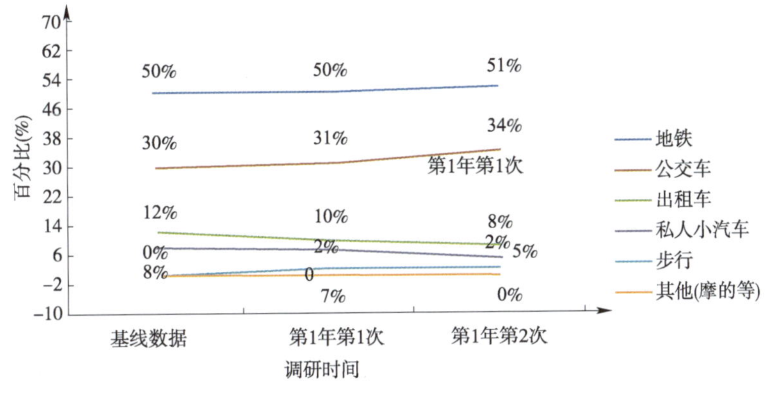

图 5-6　湘江新区综合客运枢纽的交通分担率变化

5.6.4 湘江新区综合客运枢纽节能减排效果

由于湘江新区综合客运枢纽站于 2015 年 9 月 30 日才开始试运营,时间较短,可获得数据少,目前尚无法准确地计算其节能减排量。但是根据现有的一些调研结果和统计数据计算,2015 年减排量就达到了 3.8775 万 t CO_2,2016 年为 5.3097 万 t CO_2。可以预期,随着枢纽设施的逐步完备及其对人们方便快捷出行的影响力不断提高,湘江新区综合客运枢纽将在交通客运节能减排方面发挥越来越大的作用。

第6章

对综合客运枢纽节能减排的建议

6.1 扩大应用建筑节能技术

随着生活水平的不断提升,人们对出行环境的舒适性要求日益增高,导致综合客运枢纽需要具有更多的功能设施,以满足旅客的舒适性需求。若能在体积巨大、结构复杂的客运枢纽建筑群中尽可能多地采用各种节能低碳技术,必能产生显著的节能减排效果,为减缓温室气体排放作出贡献。具体地,可以考虑采纳如下节能减排技术:

(1)地面、屋顶安装大容量的光伏发电装置。

(2)新型玻璃幕墙系统。运用新型玻璃幕墙可以在视觉上缩小建筑的体量感,良好的透光性也能为客运站建筑中大型的交通组织空间带来良好的空间感受,使建筑内部空间与外部城市空间环境密切融合。同时,这种新型玻璃幕墙系统能够在最大范围内产生节能减排效果,创造舒适的室内环境。目前,运用于客运综合枢纽建筑的新型玻璃幕墙系统有智能式和光电式两种。

(3)热电冷三联供和太阳能发电技术等能源综合利用,实现对能源的高效梯级利用和可再生利用。

(4)智能照明系统。例如在停车场安装节能 LED 照明;使用光传感器自动控制枢纽设施的照明系统;光照建模确定高窗和天窗的最佳位置,以减少电力照明等。

(5)使用低流量供水装置,减少水资源的使用。

(6)中水和雨水的回用和循环使用。

(7)垃圾分类。

(8)回收利用建筑废料。

(9)尽可能多地使用本地生产的建筑材料,减少运输耗能。

6.2 优化运营结构

6

综合客运枢纽的运营节能主要考虑车辆结构调整、优化运营结构、加快营运车辆更新等方面。加快客货运车辆的结构调整和车辆更新的步伐,加速淘汰不符合安全运行条件的老旧车辆,限制和淘汰技术等级低、能源消耗大的车辆。禁止排放不达标、尾气污染严重的车辆从事营运。同时,积极推广节能型环保型车辆,对连接枢纽站的城乡公交客运推广使用环保型车辆,长途客运线路和旅游车辆使用中高级车辆,鼓励发展新型运力,提高运输效能和服务水平。

6.3 积极推行 TOD 模式

综合客运枢纽一般设在快速增长和变化的城市地区，这一位置优势为创造高绩效的 TOD 模式项目提供了巨大的机会。在保证客流集散便捷的前提下应对车站周围空间进行综合开发。根据车站远期的集散客流规模，优先保证并预留足够的客流集散空间；在换乘设施周围进行商业、旅游、居住等空间的开发，充分发挥客流集散的商业价值。上述两转运中心的周边地区有可能被开发成长株潭城市群的主要经济文化活动中心或混合居住、就业、零售和娱乐用途的城市中心，其密度和强度略低于区域中心。

基于国际国内先进经验及最佳案例，城市公交系统和土地利用一体化是最有希望扭转依赖小汽车机动化蔓延趋势的有效手段，是发展中国家城市实现可持续发展的途径之一。建议综合客运枢纽通过以下方式实现 TOD 模式的建设：

首先，倡导绿色交通规范导则，建立城市智能交通系统及模型，同时支持快速公交 BRT、道路及地铁的示范工程建设，包括快速公交规划实施、道路应用绿色照明、雨水收集、中水回用、地铁规划实施等。通过高质量的公共交通服务(BRT 系统、地铁等)，使其靠近公交站和终点站，并成功地将服务供应与之相联系。具体需要体现在：

(1)建立绿色交通规范导则及标准。

(2)建立枢纽的智能交通系统及对应模型。

(3)支持快速公交 BRT 示范项目建设。

其次，客运枢纽的开发建设以紧凑、混合使用的建筑物和街道建设为主，鼓励居民、雇员、消费者和游客步行、骑行和使用公共交通的出行方式。在靠近公交站点的住房、办公室和零售商店的混合模式下，采用土地使用混合 TOD 的重要元素特点，这样将会方便居民的长途转乘和街坊内短途的步行出行。集工作、商业、文化、教育、居住等为一体的“混合用途”，使居民和雇员在不排斥小汽车的同时能方便地选用公交、自行车、步行等多种出行方式。

再次，采取可持续发展的融资计划，推行房地产项目实施地周边土地溢价回收的财政测算工具，以保证项目的可持续性实施。TOD 模式的发展，不仅要保证公共交通车辆的准时性和准点率，同时更重要的是通过综合客运枢纽站点附近的土地开发培育市场需求，从而确保公交线路未来的高客运量，实现公共交通的可持续发展。

最后，将 TOD 模式和交通需求管理(TDM)模式有机结合起来。推行 TDM 中交通拥堵收费、停车管理和汽车共享的模式。国内外有关优先发展 TOD 模式的经验表明，TOD 和 TDM 相结合，可以促使人们更多地使用公共交通和非机动化交通，并降低汽车的保有量和使用量，实现综合客运枢纽的节能减排目的。

6.4 完善基础设施配套建设

很多综合客运枢纽存在基础设施配套不完善的问题。例如,高铁周边未建成配套的公路、一些主干道路改扩建工程还在进行、国道有些地段路况较差急需修复、地铁尚未开通等。高铁建成通车后,其集聚与扩散的能力增强,尤其是对周边城市客流的吸引能力大大提升,但如果该地区与周边城市的城际轻轨建设进程滞后于旅客增长速度,则加大地铁和城际铁路的建设是迫在眉睫的任务。

基础设施建设滞后、旅客出行不便会使综合客运枢纽的发展一定程度上错失良机。因此,必须加强高铁站附近的配套设施建设,保证地面交通的便捷性,以提高综合客运枢纽的吸引能力以及接纳能力,才能实现综合客运枢纽乃至当地整个交通系统的节能减排目标。

6.5 完善综合交通枢纽的"铁—空—公—轨"对接

交通枢纽对区域发展的促进作用与区域交通发展密切相关。当区域交通设计和发展合理时,交通枢纽对城市发展产生的促进作用会得到进一步的强化,反之,其作用和地位将受到大幅削弱。"铁—空—公—轨"大型综合交通枢纽方便旅客的集散,减少换乘所消耗的时间,同时,这类综合交通枢纽的建立与完善对枢纽所在地抓住发展机遇至关重要。

6.6 强化枢纽内部各种交通方式的联合运营管理

综合客运枢纽换乘系统的建设包括硬件和软件两方面,低碳换乘理念的实现,不仅要求硬件建设方面实现各种场站设施的一体化衔接,还要求软件建设方面实现各种交通方式的协调和联合运营管理。具体包括:建立综合客运枢纽联运管理机构;制定完善的联运制度;实现联运交通方式之间车次无缝衔接和运能组织的高度协调;建立联运通票体系;构建联运信息系统等。

6.7 提高客流的换乘效率

高效的客流流线组织可以方便乘客快捷地乘车、换乘，提高乘客出行率。通过对黎托和湘江新区综合客运枢纽的调研分析，建议从以下三方面进行综合枢纽的优化设计。一是优化客流流线组织，提高换乘过程的连续性和乘车过程的通畅性，保证换乘过程的紧凑和通畅。二是合理设计换乘通道，缩短换乘步行距离和换乘时间。换乘流线组织不合理会造成乘客在各个换乘环节上的滞留，影响乘客的通行效率，同时换乘距离的增加也会给地铁站配套服务设备增加不必要的能耗。黎托和湘江新区综合客运枢纽应引导客流选择最短最佳换乘路线，以便缩短乘客的换乘距离和换乘时间，提高乘客的换乘效率，最终实现乘客换乘方便快捷，提高通行效率，同时降低能源消耗的目的。三是通过合理规划引导客流单向组织，避免双向混行。黎托和湘江新区综合客运枢纽通过设计单向通行组织换乘流线，以缩短出租车站、公交车站、地铁、铁路等之间的换乘距离，减少换乘耗费的时间，提高乘客换乘效率，能够有效改善两个枢纽的整体运行水平，减少因换乘不便所带来的能源浪费，从而实现低碳换乘。

6

第7章

综合客运枢纽节能减排效果评估研究设想

本书陈述的对综合客运枢纽节能减排评价研究，以分析研究综合客运枢纽节能减排的主要原理为切入点，对综合客运枢纽出行模型、温室气体排放计算、现场调研方案等进行了深入研究，提出了综合客运枢纽节能减排评价方法，并以湖南长沙黎托和湘江新区两综合客运枢纽为案例，对研究成果进行了验证。研究成果对综合客运枢纽的优化设计、综合客运枢纽节能减排效果的评价等均有重要意义。建议在以后的综合客运枢纽建设中，持续对枢纽节能减排效果进行跟踪监测，并根据监测效果，进一步评价该客运枢纽的社会效益和环境效益。

当然，由于在开展本研究时存在的客观局限性，对研究结果的精确性产生了一定影响。为此，研究团队认为有必要在分析这些局限性的基础上，就交通客运枢纽节能减排监测评估方面的后续研究方向提出以下设想。

7.1 本研究的客观局限性

由于本研究是国内交通行业对综合客运枢纽首个开展节能减排效果评估的项目，研究团队缺乏经验且时间紧迫，致使研究团队预先对开展本研究的一些客观局限性估计不足：

1）数据的局限性

除了各类统计年鉴和官方网页所公布的统计信息，本研究所采用的其余数据均由相关政府机构和部门提供，虽然数据的统计口径一致，但它们与其他机构和部门的数据不具可比性，难以完全正确地反映综合客运枢纽对长沙市节能减排发展的影响，数据的权威性也无法得到保障。

开展研究的时间周期与作为案例的交通枢纽建设期不相重合，使得现场问卷调查获取的数据不充分，对研究成果的质量有较大影响。

根据发达国家和地区的经验，高铁开通后，一般需十年或更长的时间之后其效应才能得到较为全面的体现，而本研究所采用数据的时间跨度很短，致使数据应该反映的规律不明显。

2）节能减排效果计算模型、方法的局限性

基于客流分担率的计算结果以及其他方面的计算结果得出的推论和结论等，具有较大的局限性，而且，以一周时间的数据推导出同类的整个期间甚至全年的客流分担率，这是基于稳定的旅客客流量的假设，枢纽客流的变化会影响研究成果的可靠性。

3）研究工作方面的局限性

由于课题预设的研究周期偏短，在时间紧、任务重的情况下，研究团队没有能够充分研究、借鉴国际上关于交通枢纽节能减排监测评估的成熟模型和成功经验，仅基于我国交通行业的过往经验所形成的计算模型难免偏粗浅、简单，缺乏坚实可靠理论基础的支撑，由此而获得研究结果的质量也就难免受到影响。

研究团队比较年轻，开展这类研究的经验不足，加之，本研究又是我国交通行业首个开展节能减排评估的项目，没有现成经验可以借鉴。另外，骨干力量的流动性较大则进一步加剧了研究团队的能力不足情况。

本研究的上述所有这些局限性，都是今后开展同类研究时应该尽可能避免和克服的。

7.2 后续研究设想

综合客运枢纽是一个综合、复杂的大系统，影响人们出行方式的因素很多，既有基础设施能力的影响，也有各主要交通方式运输能力的影响，更有出行者个体差异的影响。建议在以后的节能减排评价研究中加强以下几个方面的研究：

(1)研究在此领域国际上先进国家的成熟经验。包括大型客运枢纽影响人们出行的模型以及枢纽站温室气体减排监测评估的原理、方法，例如开展旅客出行因素的精细研究分析等。

(2)开展数据采集研究。包括数据采集的种类范围及数据的质量保障(真实可靠性、权威可比性、因子覆盖性、可获得性等)。

(3)开展适合国情的某些参数研究。例如对各种车辆的碳排放因子开展研究，以获得符合我国实际情况的数据。

附件　设计调研问卷

问卷1：针对市区层面出发旅客[1]

采集时间：　　年　　月　　日　　时　　　天气：　　　调查员：

1. 您本次是采用何种交通方式抵达本枢纽的？

(1)出租车□　(2)私家车□　(3)公交车□　(4)地铁□
(5)步行□　(6)其他□

2. 您的出发地点：＿＿＿＿＿，距离本枢纽的距离＿＿＿＿＿(千米)。

3. 在综合客运枢纽建成前，您是采用何种交通方式抵达本枢纽？

(1)出租车□　(2)私人小汽车□　(3)公交车□　(4)地铁□
(5)步行□　(6)其他□

4. 您的年龄？

(1)18岁以下□　(2)18～45岁□　(3)45～60岁□　(4)60岁以上□

5. 您的月收入？

(1)2000元以下□　(2)2000～4000元□
(3)4000～6000元□　(4)6000元以上□

6. 您的出行目的？

(1)工作、上班□　(2)上学□　(3)回家、探亲□　(4)购物□
(5)旅游□　(6)其他□

感谢您的支持！

问卷2：针对市区层面到达旅客[2]

采集时间：　　年　　月　　日　　时　　　天气：　　　调查员：

1. 您将采用何种交通方式离开本枢纽？

(1)出租车□　(2)私人小汽车□　(3)公交车□　(4)地铁□

---

[1] 备注：问卷发放地点：候车大厅；发放数量：250份/天×2天=500份。

[2] 备注：问卷发放地点：客运站到达口；发放数量：250份/天×2天=500份。

(5)步行□　　(6)其他□

2. 您的目的地是:__________,距离本枢纽的距离:__________(千米)。

3. 您以前是采用何种交通方式离开本枢纽的?

(1)出租车□　　(2)私人小汽车□　　(3)公交车□　　(4)地铁□

(5)步行□　　(6)其他□

4. 您的年龄?

(1)18 岁以下□　　(2)18 ~45 岁□　　(3)45 ~60 岁□　　(4)60 岁以上□

5. 您的月收入?

(1)2000 元以下□　　(2)2000 ~4000 元□

(3)4000 ~6000 元□　　(4)6000 元以上□

6. 您的出行目的?

(1)工作、上班□　　(2)上学□　　(3)回家、探亲□　　(4)购物□

(5)旅游□　　(6)其他□

感谢您的支持!

问卷 3:针对区域间大巴车旅客[1]

采集时间:　　年　　月　　日　　时　　天气:　　调查员:

1. 您的目的地是:__________,距离本枢纽的距离:__________(千米)。

2. 综合客运枢纽建成前,您主要采用何种方式前往目的地?

(1)出租车□　　(2)私人小汽车□　　(3)大巴车□　　(4)高铁□

(5)其他□

3. 您的年龄?

(1)18 岁以下□　　(2)18 ~45 岁□　　(3)45 ~60 岁□　　(4)60 岁以上□

4. 您的月收入?

(1)2000 元以下□　　(2)2000 ~4000 元□

(3)4000 ~6000 元□　　(4)6000 元以上□

5. 您的出行目的?

(1)工作、上班□　　(2)上学□　　(3)回家、探亲□　　(4)购物□

(5)旅游□　　(6)其他□

感谢您的支持!

---

[1] 备注:问卷发放地点:大巴车进站口;发放数量:400 份/天 ×2 天 =800 份。

参 考 文 献

[1] 全球碳项目(Global Carbon Project, GCP). 2015 年全球碳预算报告[R]. 2015 年 12 月.

[2] 联合国气候变化框架公约参加国. 联合国气候变化框架公约的京都议定书[R]. 1997 年 12 月.

[3] 美国公共交通协会(APTA). 2014 年度报告[R]. 2014 年 3 月.

[4] 美国绿色建筑委员会(USGBC). 能源及环境设计先导计划(Leadership in Energy and Environmental Design)[R]. 2000 年 3 月.

[5] 中国 21 世纪议程管理中心, 清华大学. 清洁发展机制方法学指南[M]. 北京:社会科学文献出版社, 2005.

[6] 徐昔保, 陈爽, 杨桂山. 长三角地区城市居民出行交通碳排放特征与影响机理[J]. 长江流域资源与环境, 2014, 23(8): 1064 - 1071.

[7] 国务院.《长沙市城市总体规划(2003—2020)》(2010 年修订版)[R]. 2011 年 5 月.

索　　引

（按拼音排序）

TOD 模式 …… 6
半露天节能设计 …… 12
玻璃幕墙 …… 64
抽样调查 …… 52
出行距离 …… 30
垂直换乘 …… 8
低流量供水 …… 14
地热系统 …… 13
钢架玻璃结构 …… 8
管理性减碳 …… 2
光伏发电 …… 64
换乘方式 …… 20
回收利用 …… 13
基线模型 …… 21
技术性减碳 …… 2
监测技术框架 …… 17
减排模型 …… 30
交通方式分担率 …… 52
交通需求管理（TDM） …… 65

绿色交通规范导则 …… 65
能源与环境设计(LEED)标准 …… 11
区域层面 …… 17
市区层面 …… 17
碳排放 …… 16
温室气体 …… 2
研究设想 …… 71
运营结构 …… 64
中水/雨水再利用 …… 13
自然通风 …… 13
自然照明 …… 13
综合交通枢纽 …… 20

MOT of the PRC GEF World Bank

City Cluster Eco-Transport Project

—Integrated Transport Hub Energy-saving and Emission Reduction Evaluation Methodology and Practice

The book editorial board Compile

This publication was prepared by the authors under Global Environment Facility (GEF)'s financial support (City Cluster Eco - transport Project) in cooperation with Ministry of Transport of the People's Republic of China.

The findings, interpretations, and conclusions expressed in this publication do not necessarily represent to views or policies of the GEF or those of its member governments.

GEF does not guarantee the accuracy of the data and translation included in this publication and accept no responsibility whatsoever for any consequences of their use.

Inquiries about the use of a part or whole of the publication can also be made to the publisher.

Editorial Committee

Acknowledgements

The authors would like to acknowledge the assistance, guidance and support of the following individuals and organizations.

1. Project Steering Committee

Director:

SUN Guoqing Director, Comprehensive Planning Department, Ministry of Transport

Executive Deputy Director:

YU Shengying Inspector, Comprehensive Planning Department, Ministry of Transport

Deputy Director:

XIAO Wenwei Deputy Director General, Hunan Provincial Transport Department

XU Xiangping Director, Hunan Provincial Chang-Zhu-Tan PMO

Member:

FAN Zhenyu Deputy Director, Comprehensive Planning Department, Ministry of Transport

HE Jihua Vice Mayor, Changsha City

HE Jianbo Vice Mayor, Zhuzhou City

WU Xiaoyue Vice Mayor, Xiangtan City

2. GEF City Cluster Eco-Transport Project Management Office

XIA Hong Director/Project Management Specialist

DONG Yan Planning Specialist

SHAO Chunfu Integrated Transport Policy Specialist

ZHOU Geping Procurement Specialist

LIU Rongfang Finance Specialist

HU Qiangqiang External Environmental Monitoring Consultant

WANG Haimin Resettlement Monitoring Consultant

LAI Huaifu Technical Support Specialist

SHAN Jingtao	Knowledge Dissemination Specialist
HU Fangfang	Specialist Support

3. Project Study Team

International Experts:

HE Wei	Energy-saving and Emission Reduction Specialist
XU Litong	Energy Conservation Monitoring and Evaluation Specialist

National Experts:

KANG Yanbing	Team Leader, Energy-saving and Emission Reduction Specialist
LIU Xin	Energy Conservation Monitoring and Evaluation Specialist

Preface

How to promote efficient Energy-saving and Emission Reduction (EE&ER) in transport sector is a world-wide concern. As indicated by lessons learnt from other countries, urban planning and EE&ER for Integrated Transport Hub (ITH) plays an important role on transport emission reduction and even overall economic development.

This book, based on the World Bank (WB) and Global Environment Facility (GEF) output of City Cluster Eco-Transport Project, focuses on two selected cases, i. e. Lituo hub and Xiangjiang hub, and proposed innovated principle, methodology, monitoring technical framework. The EE&ER methodology and suggestion proposed come to a solid outcome that would benefit further study. Meanwhile, international best practices in Asia, Europe and the U. S are also introduced in this book.

This book contains seven chapters, including overview of EE&ER in transport sector, EE&ER for Integrated Transport Hub (ITH), background and purpose of EE&ER evaluation for ITH; International best practices of ITH EE&ER of in Asia, Europe and the U. S.; EE&ER principles, methodology, monitoring technical framework, and survey proposal; based on EE&ER methodology, two cases are selected to analyze emission reduction result, i. e. Lituo Integrated Transport Hub (Lituo hub), and Xiangjiang-River-New-Zone Integrated Transport Hub (Xiangjiang Hub); suggestions and advices are proposed in terms of promoting EE&ER progress in two selected hubs, and further study demand is proposed as well.

As indicated in the *13th Five-Year Transport and Technology Development Plan*, environmental protection and EE&ER work shall be attached great attention and further promoted. It requires, therefore, higher level of construction, EE&ER monitoring and evaluation capacity. This book summarizes research results of the first ITH energy saving and emission reduction evaluation. Hope that this book could bring some enlightenment to readers. Due to the limited time, this book will inevitably exist defects, sincerely welcome readers to comment and provide feedback to enhance the study outcomes.

The book editorial board

May, 2016

Contents

1 **Overview** ······ 1
1.1 Context for EE&ER in Transport Sector ······ 2
1.2 Introduction for EE&ER of ITH ······ 2
1.3 Monitoring and Evaluation for EE&ER of ITH ······ 3

1

2 **International Best Practice** ······ 5
2.1 EE&ER Cases in South America and Asia ······ 6
2.2 EE&ER Cases in Europe ······ 8
2.3 EE&ER Cases in the U.S. ······ 11

2

3 **EE&ER Evaluation Methodology** ······ 17
3.1 Introduction ······ 18
3.2 Principle for EE&ER of ITH ······ 18
3.3 Overview of Evaluation Methodology ······ 19
3.4 Technical Framework of Methodology ······ 19
3.5 Proposal for Survey and Monitoring ······ 25

3

4 **Case Study 1—EE&ER Evaluation for Lituo Hub** ······ 29
4.1 Project Description ······ 30
4.2 Evaluation Period ······ 31
4.3 Emission Baseline Calculation ······ 32
4.4 Site Survey ······ 35
4.5 Emission Reduction Calculation for 2014 ······ 36
4.6 Emission Reduction Calculation for 2015 ······ 38
4.7 Emission Reduction Calculation for 2016 ······ 45
4.8 EE&ER Evaluation for Lituo Hub ······ 48

4

5

5 Case Study 2—EE&ER Evaluation for Xiangjiang Hub ······ 53

5.1 Project Description ······ 54

5.2 Evaluation Period ······ 56

5.3 Emission Baseline Calculation ······ 56

5.4 Site Survey ······ 58

5.5 Emission Reduction Calculation for 2015&2016 ······ 59

5.6 EE&ER Evaluation for Xiangjiang Hub ······ 63

6

6 Recommendations on EE&ER for Hub ······ 67

6.1 Apply Building Energy-saving Technologies ······ 68

6.2 Optimize Operation Structure ······ 68

6.3 Promote TOD Mode ······ 68

6.4 Improve Infrastructure Construction ······ 69

6.5 Enhance Transfer Smooth Level within Hub ······ 70

6.6 Strengthen Operational Management Level ······ 70

6.7 Increase Passenger Transfer Efficiency ······ 70

7

7 Inspiration and Vision for EE&ER Evaluation ······ 73

7.1 Objective Limitation for Evaluation ······ 74

7.2 Inspiration and Vision for Nest-step Study ······ 75

Appendix Questionnaire ······ 76

References ······ 78

Book Index ······ 79

Chapter 01

Overview

1.1 Context for EE&ER in Transport Sector

With rapid social and economic development, as well as sharp increase in population and urbanization, challenges of global climate change begin to emerge in terms of growing CO_2 emission, damaged ozone layer, etc. The challenges have seriously been endangering the survival of mankind.

According to *Global Carbon Budget in 2015* [1] published by Global Carbon Project (GCP), CO_2 emission by global fossil fuels and industry reache 9.8 GtC in 2014 (1GtC = 1 billion tons carbon), which is 0.6% higher than it was in 2013, and 60% higher than that indicated in *Kyoto Protocol* in 1990. Regarding China's current development phase in economy, China's energy consumption and Green House Gas (GHG) will continually increase in a certain period while withstanding more pressure of carbon emission. On September 25th, 2015, governments of China and the U. S. announced joint statement on climate change issue that China will decrease carbon emission per unit GDP by 60%-65% by 2030 on a basis of 2005, increase public transport share to 30%, and promote ecological, low-carbon, climate-adapted and sustainable developing pathway.

Transport is the key industry of fossil fuels consumption, as well as one of important source of GHG and air pollutants. In 2010, the energy consumptions in transport account for approximately 9% of overall consumptions. According to information revealed by Ministry of Transport (MOT) at *2010 China Green Industry and Green Economy High-tech Forum*, the carbon emission of China's transport is obviously increasing, and transport area is the key industry to achieve 60%-65% by 2030 reduction commitment. Therefore, it is essential to seek efficient emission reduction approach to promote energy-saving and emission reduction (EE&ER), thus contribute to sustainable environmental development and addressing global climate change.

1.2 Introduction for EE&ER of ITH

The low-carbon concept is the key approach to development of promoting transport carbon emission, including vehicle production, application and maintenance, transportation infrastructure planning, construction, maintenance and operating management, as well as passenger behavior. Therefore, low-carbon transport development is an integrated process involving trans-

portation network, land use, passenger and cargo structure, new technology application and other aspects of traffic management. To further promote China's low-carbon transport, it is advised to focus on carbon emission in aspects of technology and management.

it is essential to reduce the consumption of fossil fuels to achieve carbon emission reduction. From technical aspect, it is proposed to: i) develop new energy vehicles; ii) promote traditional vehicle car with fuel-efficient technology; ii) develop bio-fuel technology; iv) develop electric vehicles; v) fairly apply diesel vehicles; vi) phase out steam vehicles.

Besides technical approach, it is also advised to conduct guidance on policy and management level. According to lessons learnt from developed countries, the following measures are identified:

(1) Improve transportation structure. It is advised to increase the share of railways, civil aviation and water transport, and to contribute to environmentally-friendly transport development;

(2) Promote public transport. Due to low carbon emission ratio of public transport (30% lower than private car), it is advised to promote public transport to carry on more passenger volume;

(3) Develop intelligent transport system. It is advised to apply Vehicle Information and Communication System (VICS) and Electronic Toll Collection (ETC) to improve fuel efficiency and alleviate transport congestion.

Integrated Transport Hub (ITH) is defined as a comprehensive transport linking system that links facilities equipment, transport operations, technical standards, information transmission, organization and management in physical and logical manner, which is able to allow passengers to transfer at one zone area, thus to reduce time and energy consuming. Urban ITH is the important node in city transport network that links aviation, railways and other transport facilities together, such as rail transit stations, public transport hubs, public parkings, taxi stations and other business facilities. Urban ITH plays an important role in city transport system.

Developing ITH is considered one of solid transport management approach to save energy consumption and reduce emission. For one reason, ITH shortens transfer time for passengers and increases travel efficiency; and besides, the convenient and attractive facilities within or around the ITH could benefit passengers for travelling. ITH contributes to promoting transport style of public transport plus walk.

1.3 Monitoring and Evaluation for EE&ER of ITH

Construction of ITH contributes to sustainable urban development and promoting of

EE&ER. However, there is few concrete model and methodology to evaluate EE&ER result for ITH in China. The expert team, therefore, conducts study on systematic EE&ER performance evaluation and develops case result.

The objective of this book is to calculate CO_2 emission and evaluate EE&ER result for ITHs based on establishment of technical framework of evaluation and monitoring. Two transport hubs are selected as case studies, i. e. Changsha Lituo Integrated Transport Hub (Lituo Hub) and Changsha Xiangjiang-River-New-Zone Integrated Transport Hub (Xiangjiang Hub). The technical methodology and model are expected to be applied on other ITHs in China.

The monitoring and evaluation technical framework is planned to be established at two levels:

(1) Local level: with the application of ITH, passengers will depart or arrive at ITH mainly by public transport and thus reduce private car or taxi travel.

(2) Regional level: with the application of ITH, passengers will travel between cities mainly by coach buses instead of private cars, thus causes emission reduction.

Chapter

02

International Best Practice

Along with urbanization and improved people living standard, the number of motor vehicles have grown rapidly, which have caused energy pressures, environmental problems, as well as climate change issues. The un-balanced structure of vehicles also leads to city transport congestion and increased travel cost for passengers. The mode of Transit-Oriented Development (TOD) is developed to solve the challenges of transport congestion and to address climate change issue.

TOD mode is a transport development mode that takes public transport as priority based on compact urban layout and abundant public transport resource. The public transport system in TOD refers to large volume transportation system such as subway, railway, Bus Rapid Transit (BRT), etc. TOD mode recommends a mixed layout of city center with working, shopping, culture, education and living facilities around. The center shall be public transport terminal and facilities shall be within 5-10 minutes' walking distance (400-800m). Passengers shall be free to choose public transport, bicycle, walk or private cars to travel. Urban renewal land, re-filled land and newly developed land are all welcomed to apply in TOD mode. TOD mode has been identified as an available and efficient mode for achieving EE&ER in transport sector in developed countries.

2.1 EE&ER Cases in South America and Asia

2.1.1 Bogota Transport Mode

Bus Rapid Transit (BRT), optimizing operation principle of rail transit, is a special and novel passenger transportation mode with features of urban mass transit and original bus, respectively, integrates luxurious large-power bus with intelligent traffic technology, and provides people with rapid, large-capacity, high-quality comfortable service by developing close independent exclusive bus way and establishing toll stations capable of boarding on the same platform. Therefore, BRT is regarded as rail-mounted motor traffic internationally.

Bogota, the capital of Colombia in South America, used to be considered as a hopeless city for its transport congestion and polluted environment. Since 1998, a complete new transport reform was conducted in Bogota. 3 years later, a well-featured BRT system was established in this city that changed people's perception on public transport (Figure 2-1), which is a globally well-known BRT-Bogota based on TOD mode.

The elements of BRT include BRT lanes, special vehicles, special stations and intelligent information systems. The main advantages of BRT include fast speed (30%-100% faster than

normal), large passenger volume capacity (200%-400% larger than normal), high safety level, low pollutant to environment, low cost (1/4-1/3 lower than railway).

Figure 2-1 BRT stations in Bogota city

2.1.2 Hong Kong Transport Mode

Hong Kong's population is 7.32 million with density of 6790 people/km^2, and it is one of the world's most populous cities. On its 1078 square kilometers land, only 18% of land is 50m above sea level, and the rest parts are mostly hills. With such population density, Hong Kong is still able to control traffic congestion and environmental pollution because of the contribution from public transport. Since 1980s, public transports have been responsible for over 80% of passenger volume in Hong Kong, and passengers by private cars have taken only 6%. And besides, Hong Kong's Railway system, after 10 years' development, has been established and improved towards a sustainable pathway with over 200 kilometers traffic mileage.

The success of Hong Kong is mainly due to well-planned land use in TOD communities. Around 45% of population in Hong Kong lives within 500m away from subway station, and 65% in Kowloon, New Kowloon and Hong Kong Island lives just near station. Integrated Transport Hub links buildings of business, shopping, entertainment and public transport, which helps passengers very much in convenience.

2.1.3 Tokyo Transport Mode

Tokyo of Japan is an international metropolis, and the population in Tokyo is highly centralized that 8 million people are living in an area with a radius of 20km from city center. The highly-developed urban feature causes highly-concentrated transport volume. Railway is the main transport in Tokyo, and it is one of a few profitable railway systems in the world. For example, Shinjuku Center, built in 1970s, is less than 1km away from commercial and entertain-

ment center and other surrounding office buildings. For its convenience, railway becomes most convenient and common mode of transportation.

Typical TOD communities are located along railways. Best design of travel distance, landscape, transfer facilities are applied to communities' passengers. 68% of passengers travel from communities to railway station by walk; 24% travel by public transport, and only 6% travel by private car. Apparently, the TOD mode and relative design have reduced use of motor vehicles within community.

2.2 EE&ER Cases in Europe

European cities usually have developed city transportation network, including bus, metro, tram and inter-city railways. In order to solve urban traffic congestion and environmental problems caused by increased number of private cars, European countries have implemented TOD transport patterns.

2.2.1 Berlin Central Station in Germany

Berlin Hauptbahnhof (Figure 2-2), inspired by North American central station or union station, was built on the basis of Lehrter station that was originally located in downtown. The concept of trouble-free train services was applied to railway construction and operation which is a successful attempt of integration transportation system. It is designed to let all possible modes of transport in a crisscross pattern connected to the same station, and large-scale vertical transfer in the same hall, which makes the station the most typical of today's large-scale integrated hub in Europe and the world. One big feature is that the traffic patterns located in different floors can directly link with the long-distance railway, and achieve a shortest transfer distance between the various modes of transportation. Besides satisfying the traffic function, a shopping center, occupying three floors of the mall area, was established.

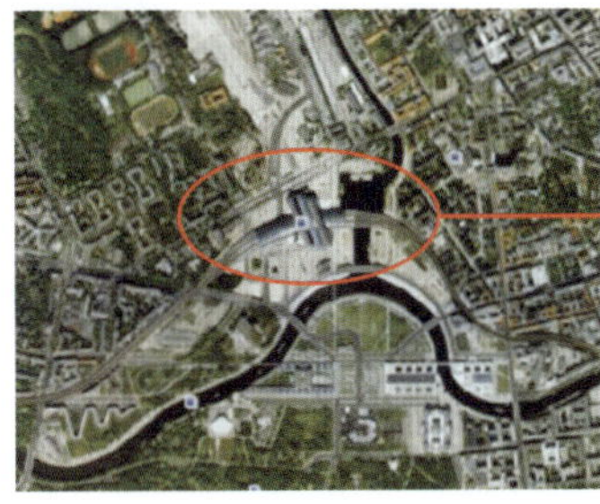

Figure 2-2 Berlin Central Station

Berlin Central Station (Figure 2-3),was designed by Feng Gekang, Mark and collaborators Architects (Gmp Von Gerkan, Marg & Partner). The station is designed as steel and glass structure with five layers. The main building is a twin-tower (46m high), covering an area of 15000m^2 with 320m surface track and 450m underground platform, as well as 80 shops. The east-west line is above floor (12m above surface), and the north-south line is underground (15m below surface).

Figure 2-3 Berlin Central Station

Cross-type Berlin Central Station (Figure 2-4), once opened, immediately became the center of the European railway system, so that all possible means of transport in the city center connected to the same station, and large-scale vertical transfer in the same hall, but also makes the station become the world's most typical of today's large-scale integrated hubs. In addition to the main line railway between the domestic and international high-speed trains and other long-distance trains, Berlin's suburban railway, subway, trams, buses, taxis, bicycles and even tourism coach are also in the dock and distribution. There is nearly zero interruption between central station and surface transport. Most passengers are able to transfer within the station.

Figure 2-4 Transferring at Berlin Central Station

GMP architects applied steel and glass (Figure 2-5) as main material to build the station instead of traditional bricks, which comforts passengers feeling.

Figure 2-5 Lobby at Berlin Central Station

2.2.2 Paris La Défense Hub in France

Paris La Défense Integrated Transport Hub links rail transport (railway, subway lines), highways, urban roads together. In 2002, the total volume of La Défense ITH reaches 17.54 million with 74000 passengers per working day for subway No. 1; the volume reaches 29.72 million with 12.2 passengers per working day for RER-A line. The total passengers reaches 400000 every day.

La Defense area located northwest of the city of Paris, France, and the western end of the city's main axis. The hub has transportation, business services and other functions. Bus stop layer located at the eastern side of the hub stations, bus lines surrounded the car parking and a large number of clear road signs to guide the vehicle passing through quickly or park orderly. The central is the ticket and transfer hall, commercial and other services; on the west side is the suburban rail and tram line T2. Passengers through the ground entrance and the transfer stairs of the transfer hall, can easily reach the business center, and three and four underground metro M1 and RER-A Line. The La Defense area is closely linked with the downtown area of Paris via metro line.

The ITH contains 4 layers underground.

The integrated transport hub consists of four underground floors:

(1) First underground floor: sectional route map for bus stations; car park surrounded by roads public bus station.

(2) Second underground floor: ticket and transfer hall, surrounded by commercial service facilities; timetable of multiple screens for displaying various transport types; playform of railway and tram line T2 at west zone.

(3) Third and fourth underground floor: platforms for subways. Terminal platform for subway line No. 1 is located at third underground floor; platform for RER-A line is located at

fourth underground floor, i. e. 4 parallel route set.

2.3 EE&ER Cases in the U. S.

Even though private passenger cars remain the predominant mode of transportation in the United States, more and more commuters and travelers are using public transportation for their daily commute and medium to long distance travels. According to an American Public Transportation Association (APTA) annual report (March 2014)[3], 10.65 billion passenger trips were taken on transit systems during the previous year 2013, surpassing the post-1950s peak of 10.59 billion in 2008, when gas prices rose to \$4 to \$5 a gallon. From 1995 to 2013, public transit ridership rose 37 percent, significantly higher than a 20 percent growth in population and a 23 percent increase in vehicle miles traveled during the same time period.

In the U. S., public transit providers use energy conservation technology to reduce emissions from operations. Many agencies are building new administrative and maintenance facilities to Leadership in Energy and Environmental Design (LEED) standards[4] or higher. For instance, New York City Transit built a LEED certified maintenance facility that has fuel cell units, rooftop solar panels, natural lighting, and rain water storage to wash buses and cars. The agency is also reducing emissions from construction by using recycled content in construction materials.

2.3.1 Denver Union Station

Denver metropolitan area in the U. S. owns a population of 3.6 million (2012), as well as a land area of 22000km^2, and consist of 12 counties and over 60 towns. Denver city is the capital of Denver metropolitan area with over 600000 population. Denver Union Station (DUS) is located on edge of Denver city center with service of tram, train, local and regional bus, free commuter bus, taxi, bicycle and pedestrian. Academic architecture style is applied to DUS construction by SOM Architectural Firm. The firm turned a railway station with area of 0.08 square km to an integrated transport hub with multiple transport types.

The new design element of DUS is to apply an open-air station hall, which ensures efficient and safety operation for multiple rails. The main structure is designed with 11 steeled arch truss crossing 55m. From side view, the canopy rises 21m at both ends and declines 6.7m at middle part. The design is capable for protecting passenger station and ensures historic perspective.

Plane walking path of two-block long is connected with station hall and DUS (Figure 2-6). Since its establishment in 2012, the passenger volume at DUS reaches 10000 every working day. Public space for walking passenger is connected smoothly with new residential areas on the south, west and north, as well as Denver city on the east.

Figure 2-6 Renderings for DUS

DUS offers a vibrant urban environment that drives surrounding commercial development and building formation. DUS provides new transport types within one hub, including bus, tram, new bus stations with waiting volume for 22 passengers, Amtrak trains and commuter trains. 3500 housing units and 140000m^2 office building are surrounding around the integrated transport hub.

The underground bus station Denver Union Station DUS: 310m long, with an area of more than three football fields, one bus per every 48s at peak. It has a clockwise ring double exports design, which is convenient for vehicles and transfer.

In addition, Train hall of Denver Union Station (DUS) use semi-open-air design for energy-saving, this design won a lot of design awards because the good energy saving effect, which is shown in Figure 2-7.

Figure 2-7 Train hall of Denver Union Station

2.3.2 San Francisco Bay Hub

Harbour hub Transbay Terminal in San Francisco: San Francisco Bay Area has a popula-

tion of over 6 million, including nine counties, 101 towns, and an area of 18130km^2 (7000square miles), to form a multi-center development pattern. Passenger travel needs an efficient, seamless transportation network. The project planning considers the following factors:

Local, regional and intercity buses, commuter, intercity and high-speed rail and other modes of transportation converge on the harbor hub, transfer facilities between the various modes of transportation is integrated (Figure 2-8), different modes of transportation establish their independent functional areas and traffic flow line system.

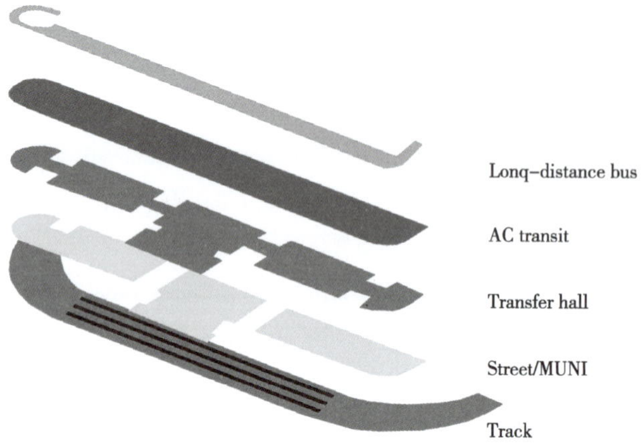

Figure 2-8 Harbour hub layout design

(1) Track layers. There are three island platform and 6 straight-rail tracks, used as commuter rail, intercity rail and high speed rail.

(2) Street/MUNI layer. Electricity rail cars, urban rail transport, taxis and Golden Gate Transportation limousine are at this layer, passengers can easily take all modes of transport though the path and stairs. Layer 1 has ticket office, waiting area, cargo storage, as well as the 2 lounge rooms.

(3) Transfer layer. This transfer floor can connect between different modes of transport on the ground; passengers though different stairs, elevators, escalators, can enter the bus layer 3 and layer 4.

(4) AC transit layer. This layer can accommodate 26 articulated buses, as well as four standard buses; to connect between the upper and lower layers by escalators and elevators, the passengers flow can be up to 25000 at peak. Bus layer includes passenger waiting area and connection area.

(5) Long-distance bus layer. There are 24 parking spaces for coach buses. The layer shares Bay Bridge Approach Road with layer 3.

(6) Development of the harbor hub are integrated with surrounding areas, full integration

hub, and aisles with different levels, multi-directional, multi-channel are convenience for passengers. Passengers through stairs, escalators and elevators converte between different floors easily.

All of these elements help reduce Green House Gases. The project design incorporates many sustainability elements as discussed below.

(1) Rooftop Park: Instead of absorbing and radiating heat, the 5.4 acre rooftop park will absorb carbon dioxide from bus exhaust, absorb and filter storm water, and provide a habitat for local wildlife.

(2) Natural Lighting: Lighting has the biggest energy consumption in the Transbay Transit Center building. Light columns and skylights will be used extensively to bring natural light into the building and reduce energy costs. Additional lighting controls will allow dimming of electric lighting in response to the presence of daylight, and lighting will be completely shut off in much of the Transit Center during "off-peak" hours.

(3) Greywater/Storm water Reuse: In order to minimize potable water consumption and substitute other non-potable water, the facility incorporates dual drainage piping so that greywater is collected from select plumbing uses and then recycled back for flushing toilets and urinals. Greywater and storm water reuse, combined with water-conserving fixtures, will save over 45.4 million liters of potable water each year. Water reuse also reduces energy consumption associated with transporting water to the site.

(4) Geothermal System: To significantly reduce the energy required to cool the building, a geothermal system will harness the relatively low temperature of the ground to chill water passively. Pipes will be coiled under the building footprint, circulating water deep below grade. The geothermal cooling system contributes to water conservation efforts by reducing cooling tower use by approximately 1.4 million liters per year (60% less than a typical cooling tower system).

(5) Natural Ventilation: The building is mostly a naturally ventilated facility. Only limited parts of the building, such as individual retail stores, are air conditioned. The bus deck is open on the sides and will not require exhaust or air filtration, similar to an open parking garage. Air/ventilation systems are designed to take advantage of the San Francisco climate by using cool night-time outside air to pre-cool and reduce daytime cooling needs.

(6) Strong Commitment to Recycling: The Transit Center is designed to support San Francisco's aggressive recycling goal of reaching 75 percent diversion (and eventually zero waste) by providing three-stream waste separation that includes compost and recyclables. During demolition of the former Transbay Terminal, the contractor recycled over 7500t of steel and

over 71000m^3 of concrete, enough to fill 28 Olympic size swimming pools.

(7) Reduced Emissions: this Transit Center is expected to greatly encourage public transit use throughout the Bay Area and State of California, significantly reducing emissions of air pollutants, including reducing carbon dioxide emissions by tens of thousands tons each year. Completion of the full high speed rail system is forecast to reduce these emissions by more than 3 million tons each year system-wide by year 2028.

2.3.3 John Oliver Hub

Located in Greenfield, Massachusetts (MA), the John W. Oliver Transit Center was opened to the public in 2012 as the first Zero Net Energy transit center in the U. S. This regional transit center serves as a major stop on the intercity Peter Pan and Greyhound bus lines and on the Amtrak passenger rail line linking Greenfield with Springfield, MA; New Haven, Connecticut (CT), New York City to the south; St. Albans, Vermont (VT); and Montreal, Canada to the north. Its main building also houses the Franklin Regional Transit Authority (FRTA), which serves 40 communities in four counties; and is the home base for the Franklin Regional Council of Governments (FRCOG).

The John W. Oliver Transit Center's (Figure 2-9) key energy-saving and emission-reduction features include:

Figure 2-9 John W. Oliver Transit Center's Main Building

(1) A 98 kW, 7300 ft^2 ground-mounted photovoltaic array;

(2) 22 geothermal wells (which are buried 400ft underground);

(3) Copper screens to filter out heat while letting daylight in;

(4) A 750000 BTU-per-hour boiler fueled by wood pellets from sustainably-managed sources;

(5) A brick screen wall and other energy efficient technologies;

(6) Cooling at the building is provided by an active chilled beam system-a form of convection cooler that cools air near the building's roof, using convection currents to cool the rest of the building. For heating, the transit center features a solar wall that preheats fresh air by as much as 15 degrees during peak winter sun;

(7) Energy saving LED lighting has been installed in the parking lots and the entire building's lighting system is controlled using occupancy sensors, photocells and dimming controls. Using daylight modeling to determine optimal placement of windows, clerestory and skylights to cut down on electric lighting;

(8) Low-flow water fixtures that reduce water use by 35 percent.

With all the above innovative technologies and green features, the John W. Oliver Transit Center is able to generate——through renewable sources——all the energy it uses, which results in its net energy consumption to be zero over the course of a year.

Chapter 03

EE&ER Evaluation Methodology

As mentioned in Chapter 2, it is identified by experience of other countries, integrated transport hub is helpful to develop a low-carbon and environmentally friendly transport pathway, which promotes EE&ER in transport sector.

Along with China's rapid urbanization process, as well as development of urban road and railway transport, the construction and operation of integrated transport hub plays a more and more important role. ITH is a complex system with transport facilities, information and transport organizations. As China's urban transport integrated planning starts in a relative late phase, China is lacking of related experience of construction and operation, as well as study on EE&ER of ITHs.

3.1 Introduction

Currently, studying on EE&ER for transport sector in China is still in start-up phase with focus on emission from fuel type, which needs to be improved. The transport sector is now lack of national standard of EE&ER evaluation based on quantitative technical and economic analysis. A comprehensive and accurate indicator system cannot be finished in a short term if clear policy support is missed. It is proposed, firstly, to establish EE&ER mechanism for transport sector based on EE&ER performance, and increase cost for penalty; secondly, to assemble a professional and authorized expert team by Ministry of Transport (MOT) to conduct system study on EE&ER evaluation based on international and national lessons learnt.

The methodology applied in this book shall be a component of the whole indicator and evaluation system. Due to limitation of study period and data input, the evaluation result and conclusion are still need to be improved in the future.

3.2 Principle for EE&ER of ITH

Key tasks for EE&ER for ITH include: emission reduction by change of transportation type through ITH, emission reduction by ITH building energy conservation, and emission reduction by means of transport.

This book will focus on EE&ER performance by change of transportation type through ITH. Clean Development Mechanism (CDM) methodology is applied in emission volume baseline calculation in transportation industry, i. e. :

Annual emission volume baseline = vehicles number. × baseline travel distance × emission factor of different types of vehicles (CO_2 volume generated by each passenger in the trip) (3-1)

The main mechanism for energy saving and emission reduction of this project is: Because of the convenient and fast transfer of the hub station, more travelers will be attracted to choose public transport, and transfer to their destinations via the hub station, thus the proportion of higher energy consumption and carbon emissions travel modes as by taxi and private cars will be reduced, thus to save energy and reduce GHG emission.

3.3 Overview of Evaluation Methodology

The project will achieve energy saving and emission reduction effect at two levels(Figure 3-1).

(1) Local level: Passengers from the hub to other destinations in the city will tend to use public transport such as buses, subways, etc. Which will reduce the proportion of car usage, thus to reduce energy consumption and GHG emissions. Similarly, passengers from other locations in the city will be also more likely to choose public transport to the hub.

(2) Regional level: Passengers arriving at the city from other cities (or from the city to other cities) will be more likely to take long distance buses instead of cars.

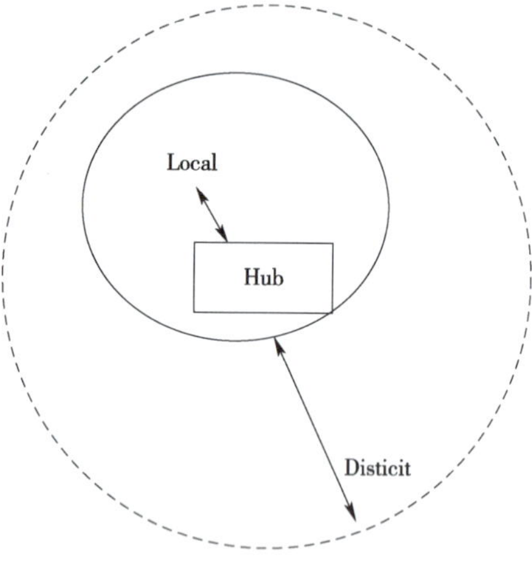

Figure 3-1 Mechanism of energy saving and emission reduction

3.4 Technical Framework of Methodology

3.4.1 Key Factors to Transport Demand

(1) Level of urban economic development. Citizen traveling demand depends on productivity demand, economic and industrial development.

(2) Level of household consumption level. According to Maslow's Hierarchy of Needs

Theory, food, housing, clothing and medical care is people's basic survival and security need. Along with improved living standard, leisure, entertainment, tourism, social, shopping and other needs will inevitably increase. Travel demand will also increase with the improvement of living standard.

(3) Level of population and urbanization. Travel style is related to population and urbanization process.

(4) Level of transport cost. The cost, e. g. the price of transport services, is a major factor to transport demand.

(5) Level of transport service quality. A safe, quick and convenient transport service will stimulate residents' travel demand, and vice versa.

The factors above are based on general analysis of social and economic situation. In fact, urban transport demand is more complex and related to individual feature. In china, individual features are commonly observed as: i) large scale and concentrated of transport demand from work and school; ii) increased elastic travel; iii) increased holiday travel; iv) decreased share of bicycle; v) increased share of private car.

3.4.2 Technical Framework for Evaluation

According to above discussion, the project specific emission reduction is calculated as follows:

Total emission reduction = Local emission reduction + regional emission reduction (3-2)

Local emission reduction = (emissions per unit passenger turnover volume before the hub completion - emissions per unit passenger turnover volume after the hub completion) × passengers flow after hub completion × average trip distance (3-3a)

Regional emission reduction = Σ Emissions before the hub completion - Emissions after the hub completion (3-3b)

As passengers flow are influenced by season, weather, holidays and other fluctuations, therefore, the emission reduction are calculated based on annual data in this project. According to above mentioned emission reduction mechanism, the GHG emissions in this project can be divided into energy consumption (electricity) by rail transport of electricity (mainly the subway in this project) emissions and energy consumption (fossil fuels as gasoline, diesel, natural gas, etc.) by other modes of transport, such as long distance buses, city buses, taxis (which may contain part of the natural gas vehicles), private cars.

1) GHG emission calculation for rail transport

According to "urban rail transit project construction standards" issued by National Development and Reform Commission of People's Republic of China and Ministry of Housing and Urban-Rural Development, the subway GHG emissions can be divided into train emissions and station emissions (Figure 3-2).

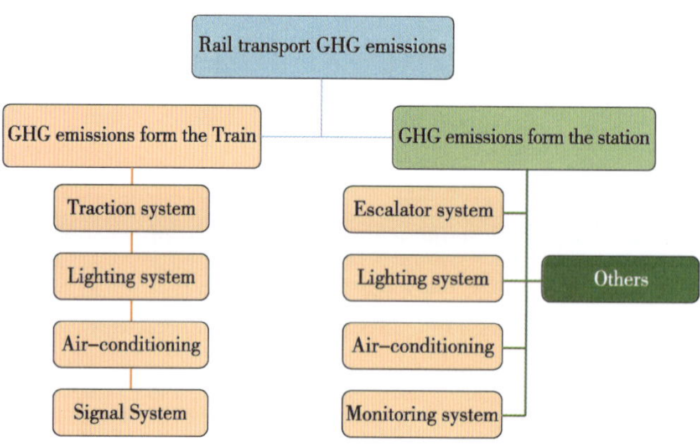

Figure 3-2 The main GHG emissions structure of rail transport

Train emissions mainly refers to energy consumption and GHG emissions from the operating trains, which includes: Traction system, Lighting system, Air-conditioning, Signal System.

Station emissions mainly refers to energy consumption and GHG emissions from the station facilities, which includes: Escalator system, lighting system, Air-conditioning system, monitoring system, Others, such as communication systems, signal systems, drainage systems, fire protection, environmental systems, etc.

According to survey result, it is difficult to obtain data for all energy source. Considering energy consumption for subway is relatively low, subway data will be evaluated based on reference No. 6.

2) GHG emission calculation for fossil fuel vehicles

In this project, emission reduction potential of the two hubs are from: First, the increasing of proportion of low carbon transport mode as public transport and subway; Second, part of the passengers shift from cars to long distance buses. Therefore, the total reduction can be calculated by the following formula:

$$E = E_{\text{Urban}} + E_{\text{Region}} \tag{3-4}$$

In the formula: E——the total emission reduction;

E_{Urban}——reduction from transport modes change in the city, i. e. the local reduction;

E_{Region}——reduction from transport modes change at regional level, i. e. the regional reduction.

While, the urban reduction can be calculated as:

$$E_{Urban} = \sum Q_i \times D_i \times EF_i \tag{3-5}$$

In the formula: Q_i——Passengers flow of using the i-th mode of transport;

D_i——The average trip distance of the i-th mode of transport;

EF_i——Carbon emission factor of energy types of the i-th mode of transport (kg CO_2/km).

Passengers flow:

$$Q_i = Q \times R_i \tag{3-6}$$

In the formula: Q_i——Passengers flow of using the i-th mode of transport;

Q——The total daily Passengers flow;

R_i——traffic sharing rates of i-th mode of transportation.

Regional emission reduction can be calculated by:

$$E_{Region} = P \times \sum D_i \times [(R_{ci} \times EF_c - EF_b) + R_{ti} \times (EF_t - EF_b)] \tag{3-7}$$

In the formula: E_{Region}——the daily reduced emission in regional level;

P——the gross passenger capacity of long or short distance passenger transportation station after the hub had been rebuilt;

R_{ci}——the ratio of the passengers who took buses instead of private cars in gross passengers capacity in line i;

R_{ti}——the ratio of the passengers who took buses instead of taxies in gross passengers capacity in line i;

EF_c——the carbon emission factors of private cars;

EF_t——the carbon emission factors of taxies;

EF_b——the carbon emission factors of buses.

3.4.3 Transfer Mode for Passengers

Transfer mode for passengers include: railway-subway (tram), railway-public bus, railway-taxi, railway-long-distance passenger bus, railway-private car, railway-motorcycle (bicycle), railway-walk, subway-public bus.

1) Transfer between railway and urban rail transit

This transfer mode is developed along with urban rail transit system, from same level transfer to three-dimension transfer, and even single platform transfer. The passenger volume of this transfer mode depends on connectivity level between stations and transport system extent

level within city. Larger transport system causes larger passenger volume. Passenger prefers urban rail transit system for its convenience, security and well time controlling. Transfer mode between urban rail transit system and others will become more and more popular.

2) Transfer between railway and public bus

For developing cities, public bus dominates public transport instead of urban rail transit in developed cities. For advantages of low cost and large covering area, public bus tanks a certain ratio of passenger volume in urban transport of most cities.

3) Transfer between railway and passenger cars

This transfer mode is another important transfer type for ITHs. To be different from railway transit and public bus, private car or taxi is a main need for well-off income and time-pressed passengers.

4) Transfer between railway and long/short distance passenger bus

There are two types for passenger bus: long distance parked at ITH parking station and short distance sub bus. For the former ones, bus is used to drive passenger individual or group to another city or area, especially on holidays; for the latter one, transfer is under the condition that bus terminal is close to railway station.

5) Transfer between subway and public transport

Subway and public transport are two main transportation types for passengers within city, and transfer between subway and public transport are one of most important transfer type. The passenger volume is usually large in peak time during morning, evening and holiday. The peak time feature is pretty obvious for this type of transfer.

3.4.4 Transportation Types

Basic travel model (use passengers leaving city for example, passengers arriving at city are from the opposite direction):

1) Baseline model

(1) Local level: Passengers to other cities/suburban, take taxis, private cars, subway, buses, and other travel mode to the hub, then leave by long distance buses.

(2) Regional level: Some passengers to other cities/suburban, take private car or taxi directly to the destination.

2) Emission reduction model

(1) Local level: After the hub completion, due to convenient transfer at the hub, some passengers who usually take taxis and private cars to the terminal will shift to buses or subway to the hub, then leave by long distance buses.

(2) Regional level: Some passengers who take private cars or taxis to other cities/suburban before will shift to long distance buses from the hub. Main transportation types for ITH are shown in Table 3-1.

Main transportation types for ITH Table 3-1

Classification	Long Distance		Within City				
Type	Railway	Long/short distance bus	Public bus	Subway	Taxi	Private car	other
ITH	√	√	√	√	√	√	√

For various ITHs, the layout and transport mode varies. Therefore, transportation model needs to be developed individually for each hub. The model for Lituo hub is developed as shown in Figure 3-3:

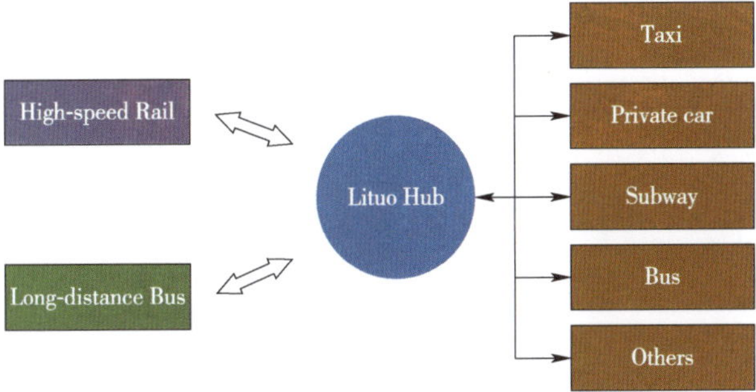

Figure 3-3 Travel modes for Lituo integrated passenger transfer hub

3.4.5 Travel Distance

According to preliminary assessment of the project, average trip distance can be determined at local and regional level as follows:

(1) Local level: According to the discussion with local stakeholders, an average trip distance of 12 km is determined.

(2) Regional level: Default trip distance from Changsha to the destination is no more than 200km, it is assumed that passengers traveling to Changsha within this range would be influenced to shift from cars to long distance buses.

Per trip distance calculation will be based on the findings during the project monitoring.

3.4.6 Evaluation Steps

Based on above assessment and evaluation methods, evaluation of the energy saving and emission reduction effect of the integrated passengers transfer hubs is divided into the following

five steps:

1) Determine the baseline

For evaluation of emission reductions after the hub completion, we must firstly determine the baseline, including the following indicators: passengers' volume before the hub completion, share ratio of various modes of transportation before the hub completion, category of energy and energy consumption level of various modes of transportation, operation status of long distance buses within 200km, etc. Through the above indicators to determine baseline data as emissions per unit passenger turnover. Baseline data can be adopted from feasibility report.

2) Data collection, collation, monitoring and tracking

(1) Local level data acquisition: Total Passengers flow data of long distance bus and taxi are to be provided by the terminal operator, and share rate of various travel modes can be obtained from questionnaire. The questionnaire results and the statistical results can be verified with each other, and ultimately determine the split of various modes of transportation.

(2) Regional level data acquisition: For long distance travel lines within 200km, conducted a questionnaire survey to determine the proportion of passengers who shifts from cars to long distance buses.

Overall, some of the actual operating data can be obtained from authorities or statistics department, some of the data should be obtained through questionnaires, site visits and other method. Since the project period is relatively long, some data need to be monitored and tracked.

3) Pre-evaluation

Pre-evaluate the emission reduction effect based on baseline data and actual operation data.

4) Improve evaluation methods and models

According to the pre-evaluation results, further improve the assessment methods and models, the evaluation results can be more objective, reasonable and realistic.

5) Tracking and evaluation

Tracking actual operating data of two integrated passengers transport hub for dynamic evaluation of emission reduction.

3.5 Proposal for Survey and Monitoring

3.5.1 General Approach

The survey task for ITH involves a number of working steps, complex subject, various

technical approach and multiple disciplines (urban transport planning, applied statistics, computer science, etc.). However, it could be identified as:

(1) As a special application of sample survey, challenges for this case are sampling method and sample rate, as well as general characteristics of inference and error adjustment;

(2) As a professional research in transport sector, the problem is that how to understand and grasp subject during investigation;

(3) As a practice in large scale data set evaluation, the problem is that how to establish databases system and apply program design.

A passenger flow volume predication method is applied in this book, i. e. collect sample data at different time periods as per actual passenger volume, and predict the extended overall data in a long period based on concept of data fusion.

As the number of passengers changes over time, the feature reflected by dataset will be a variation depending on week/day/hour time period. However, this variation and change is relatively stable. This stable variation feature provides theoretical base for prediction as per statistically ordered sample cluster approach.

3.5.2 Sample Identification and Selection

Survey cost and accuracy are local point in sampling. Therefore, it is necessary to increase survey accuracy with limited cost. Excluding non-sampling error, survey accuracy directly correlated to sample number within a certain range. However, larger number exceeding a level will not contribute to accuracy very much. Therefore, an appropriate sampling rate needs to be identified to ensure best balance between accuracy and cost.

Besides, survey date selection is another key point. The general requirement is to choose a survey period that represents average passenger flow and weather situation. Considering passenger flow peak time and normal time, 2 survey key points are selected in both peak and normal time. First survey period is set during spring festival or summer vacation, which reflects peak time; second survey period is set during normal working days. A whole week period is selected including working days and weekend.

3.5.3 Survey Activity

Among data demand for emission calculation, some data will be collectedthrough official statics yearbook or website, while other data needs to be collected by survey and questionnaire.

In cases of Lituo and Xiangjiang hubs, considering features of 2 hubs, the designed data from questionnaire is listed in Table 3-2. Specially, some passenger flow in Xiangjiang hub is

contributed by shopping and office building, which cannot be involved. Therefore, a data fusion of questionnaire and statics is applied to obtain valuable result.

After the questionnaires back, first of all, the project team will review questionnaire logic, select content completely and logical questionnaire, then each group questionnaire aggregated and statistically valid number of questionnaires, archive preservation. Data entry using Excel database format to facilitate post-data processing.

Data from questionnaire Table 3-2

Lituo	Xiangjiang	Note
Local level		
Passengers flow	Passengers flow	Xiangjiang hub includes facilities for shopping and office
Ratio of traffic modes sharing rate	Ratio of traffic modes sharing rate	—
Regional level		
Ratio of passengers shift from private cars to buses	Ratio of passengers shift from private cars to buses	—

3.5.4 Survey Schedule

As mentioned above, survey will be conducted in summer, Spring Festival period, as well as in normal time, lasting for one week (7 days).

3.5.5 Training Arrangement

Training activities will be arranged to ITH agencies, including time, location, number of copies, content of the questionnaires, as well as a one-day on-site demonstration. A sample survey questionnaire will be obtained and questionnaires will be modified accordingly. Finally, arrangement of each week for questionnaire will be conducted. The questionnaire survey was carried out by terminal staff who take the training.

3.5.6 Questionnaire Design

There are three questionnaires for departing passengers, arriving passengers and inter-regional bus travelers. See details in Appendix.

3.5.7 Sample Volume

The questionnaire is designed to take into account the traffic situation within two parts of

the city and the area, and the urban area is divided into the departure passengers and the arriving passengers, so a total of three questionnaires were designed.

The number of the questionnaire is determined by simple random sampling method, sample amount determination process, the overall function varies because of its size. For small overall, it plays an important role, but the effect of the total number of the sample is very small (Table 3-3).

$$\begin{cases} y = 72.907\ln(x) - 243.08 \\ R^2 = 0.9946 \end{cases} \tag{3-8}$$

According to Changsha Statics Year Book, the overall passenger volume for ITH is 100000 person a day. A sample size of 398 person day is selected. In this project, 400 person a day is finally selected.

It requires a confidence level of 95%, the margin of error is 0.05, with a simple random sample estimate P, corresponding to the overall size of the required sample size ($P = 0.5$ to take calculated). We can see that the accuracy level of the requirement is gradually reduced to zero as the overall size increases.

overall size and sample size (P) Table 3-3

overall size	sample size	overall size	sample size
50	44	10000	386
100	80	100000	398
500	222	1000000	400
1000	286	10000000	400
5000	370		

Chapter 04

Case Study 1—EE&ER Evaluation for Lituo Hub

Located in the middle part of China, Changsha has a distinct geographical advantage for serving as a junction of all directions. Changsha Overall Urban Planning (2003-2020) Revision 2010 (hereinafter referred to as planning) aims at planning integrated transportation hub cities at national level as transportation planning goals by developing water, land and air traffic and transportation system with modern international civil airport, Xianing New Port, high-speed railway and expressway as framework, forming a 90-min-travel traffic circle covering 3 + 5 urban agglomeration with Changsha as a center based on intercity railway and highway network, and forging ahead with 3 + 5 urban agglomeration integration. This study will focus on the tracking assessment of energy saving and emission reduction of Lituo integrated passenger hub.

Through data collection of questionnaire, site survey and literature review, after analysis on obtained data, based on CDM methodology, a final conclusion for EE&ER of Lituo hub is conducted: total emission reduction for Lituo hub is 5995t CO_2 in 2014, 29245t CO_2 in 2015, 40019t CO_2 in 2016. The specific method applied and calculation will be elaborated in chapters below.

4

4.1 Project Description

Lituo passenger terminal, with an occupation of $12000m^2$, total construction area of $31485m^2$ and total investment of CNY 340 million, is located to the south of western square of Changsha South Railway Station, with designed daily passenger volume of 27225, and is one of four national-level integrated highway transportation hubs newly built in Changsha during 12th Five-Year Plan.

Lituo passenger terminal start trial operation on April 20, 2014, and can achieve "zero transfer" with South Railway. Business hour of Lituo passenger terminal in Changsha covers 8:00 am-10:30 pm and is regulated by passenger flow of high-speed railway. The terminal has developed 30 passenger transport routes including Yiyang, Changde, Zhangjiajie, etc., and more routes in and out of the province as well as tourism sites will be developed.

As demonstrated in Figure 4-1, the first and second floors underground of the Lituo passenger terminal and Changsha South Railway Station are communicated, respectively, and passenger transfer is conducted in the first floor underground. Departing from high-speed railway, passengers can transfer to 30 cities and counties around by bus, short- or long-distance passenger transportation, cars (including taxi) to the north, south and west of the station, respectively, and by subway to the south (less than 50m from the exit of the station). In addition, with

the operation of Metro Line 2, Lituo passenger terminal will achieve convenient transfer among high-speed railway, subway short- and long-distance coach transport, urban buses, taxies and social vehicles(Figure 4-2).

Figure 4-1 Lituo Integrated Transport Hub

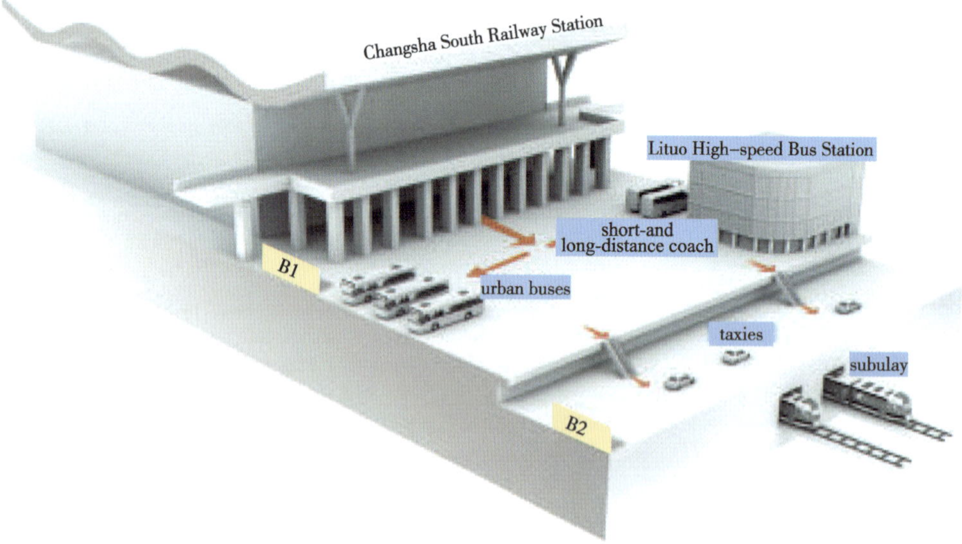

Figure 4-2 Layout of Lituo Integrated Transport Hub

4.2 Evaluation Period

Considering passenger volume fluctuation with season, weather and holidays, evaluation is performed by year. Lituo hub operates since April 2014 and the survey period lasting for 22 month. The survey schedule is shown in Table 4-1.

Survey Schedule

Table 4-1

Hub \ Year	2014	2015	2016
Lituo	Sep. 1-Sep. 7	Feb. 24-Mar. 2	Feb. 17-Feb. 25
		May 30-Jun. 5	
		Sep. 1-Sep. 7	
		Nov. 12-Nov. 18	

4.3 Emission Baseline Calculation

Since the project has been started when Lituo integrated passenger transfer hub almost completed, the evaluation of baseline emission related to relevant data, such as share rate and trip distance of transportation mode per capita, is difficult to obtain. Therefore, the relevant data of baseline emission evaluation will be obtained from project feasibility study. Main transportation modes transfer and baseline date evaluation in Lituo integrated passenger transfer hub is shown in Table 4-2 and Table 4-3.

Main transportation modes of the hubs

Table 4-2

Category	Regional		Local				
Transportation Modes	Railway	Long or Short Distance Passenger Transportation	Bus	Subway	Taxi	Private car	Others
Lituo Integrated Passenger Transfer Hub	√	√	√	√	√	√	√

Based on the emission reduction model, the daily passengers in Lituo integrated passenger transfer hub can be categorized as follows:

(1) A passenger arrives in Lituo integrated passenger transfer hub by high-speed rail (Q_1)

(2) A passenger leaves Lituo integrated passenger transfer hub by high-speed rail (Q_2)

(3) A passenger arrives in Lituo integrated passenger transfer hub by high-speed rail, then leaves by passenger transportation (long or short distance) (Q_3)

(4) A passenger arrives in Lituo integrated passenger transfer hub by city transport, then leaves by passenger transportation (long or short distance) (Q_4)

Selection factor of emission baseline: emission factor/passenger/unit distance is calculated on the assumption of that average speed is 22km/h of various vehicles with different fuels.

Clean Development Mechanism Methodology (CDM Methodology) utilizes available project data instead of default data from special committee on climatic change among governments, and baseline emission factors are shown in the following table, sourced greenhouse gases benefit manual of Global Environment Facility (GEF) communication and transportation project.

Baseline Data Evaluation in Lituo Integrated Passenger Transfer Hub Table 4-3

Passenger Flow Volume	Changsha Southern Railway Station (high speed rail) daily passenger flow volume (person/d) Q_1+Q_2	48000
	Lituo passenger transportation (long or short distance) daily passenger flow (person/d) Q_3	7900
	Local Flow Volume (person/d) Q_4	2000
Transportation share ratio	Subway	20%
	Bus	16%
	Taxi	34%
	Private car	30%

(Data source: feasibility study report, 2010)

$Q_1+Q_2=48000$

$Q_3=7900$

$Q_4=2000$

Therefore, for Lituo ITH:

(1) At Local Level:

Passenger volume by all types (per day):

$Q'=Q_1+Q_2+Q_4-Q_3=42100$

According to feasibility study report, passenger volume at local level:

According to formula(3-6):

Q: total volume, $Q=42100$

R_i: transport share No. i, in which subway 20%, public bus 16%, taxi 34%, private car 30%

$Q_{\text{subway}}=42100\times20\%=8420$

$Q_{\text{public bus}}=42100\times16\%=6736$

$Q_{\text{taxi}}=42100\times34\%=14314$

$Q_{\text{private car}}=42100\times30\%=12630$

According to Table 4-3 and Table 4-4, the emission factors are:

$EF_{\text{public bus}}=0.029732\text{kg } CO_2/\text{km}$

$EF_{\text{taxi}}=0.1808\text{kg } CO_2/\text{km}$

$EF_{\text{private car}}=0.253421\text{kg } CO_2/\text{km}$

Table 4-4

Index of baseline emission

Vehicle type *	Speed	Fuel type			Fuel Efficiency		CO_2 emission factor/ l fuel		CO_2 emission factor/ km		Mean CO_2/ km	Mean share	Mean CO_2/ capita km
	km/h	%			km/L		$kgCO_2/L$		$kgCO_2/L$		$kgCO_2/km$		$kgCO_2/km$
		Petrol	Diesel	Sum	Petrol	Diesel	Petrol	Diesel	Petrol	Diesel	All	All	All
Cars	22	95	5	100	9	11	2.75424	2.94348	0.3060267	0.2675891	0.304105	1.20	0.253421
Taxi	22	30 *	70 *	100	8	11	2.75424	2.94348	0.34428	0.2675891	0.290596	1.10	0.264179
Bus	22	—	100	100	1.8	2.2	2.75424	2.94348	1.5301333	1.3379455	1.337945	45.00	0.029732

(Data source: GEF grant project appraisal documents)

Note: * Gasoline/diesel ratio of transport will be adjusted according to the ratio of the actual research.

Emission by all types:

According to(3-5) D_i: the average distance by type No. i, in which the default value is 12km, transport carbon emission is:

$E_{\text{public bus}} = 2403\text{kg } CO_2$

$E_{\text{taxi}} = 31056\text{kg } CO_2$

$E_{\text{private car}} = 38408\text{kg } CO_2$

Total emission E^0 at local level $= 71867\text{kg } CO_2$

(2) At regional level:

The quantity of passenger (person/d) who took long or short distance passenger transportation instead of taxis and private cars because of the convenience of integrated passenger transfer hub:

Baseline value $Q' = 5056$

At regional level, green house gases emission has been reduced because of part of passengers take long or short distance passenger transportation instead of cars (taxis and private cars). Therefore, this part of emissions can be calculated by the quantity of passenger who took long or short distance passenger transportation instead of cars. The baseline emission volume is no need to calculate.

4.4 Site Survey

Under support from operation unit of Lituo hub, a survey was conducted during September 12014 to February 252016 (Figure 4-3), in which 3000 questionnaires were sent during 7d.

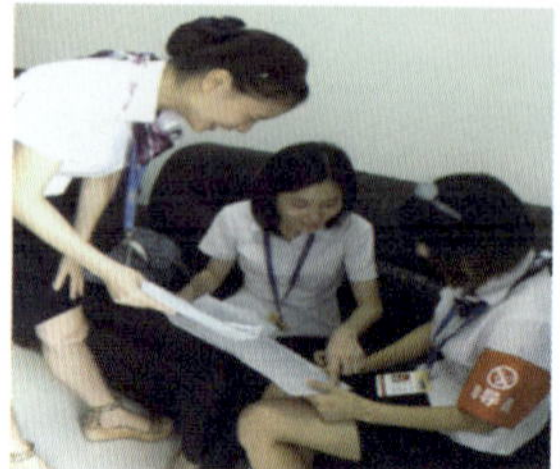

Figure 4-3 Site survey in Lituo Hub

4.5 Emission Reduction Calculation for 2014

After the questionnaires back, first of all, the project team will review questionnaire logic, select content completely and logical questionnaire, then each group questionnaire aggregated and statistically valid number of questionnaires, archive preservation.

Data entry using Excel database format to facilitate post-data processing. First, the frequency and the distance to different destinations each mode of transport were calculated. The data were analyzed using the weighted average method; calculate the percentage composition of different modes of transportation and per capita travel distance.

According to survey result, passenger data for 2014 is shown in Table 4-5:

Monitoring data for Lituo hub in 2014 Table 4-5

Content		Item	Baseline	2014. Sep. 1-7
Volume (person/day)		Changsha South Railway Station Volume (person/day)	48000	57000
		Lituo Bus Station Volume (person/day)	5056	9000
Local	Transport Share (%)	Subway	20	21.60
		Public bus	16	23.30
		Taxi	34	25.50
		Private car	30	24.50
		Walk	0	5
		Other	0	0.10
Regional	Share before hub (%)	Long/short distance bus	5056	91.89
		Taxi		2.58
		Private car		3.73
		Other		1.80

(Data source: site survey data in September 2014)

1) At local level

According to Formula(3-6):

Q: total volume, $Q = 48000$.

R_i: transport share No. i, in which subway 21.6%, public bus 23.3%, taxi 25.5%, private car 24.5%, walk 5%, other 0.1% (ignorable).

Therefore, by the end of September 2014, carbon emission per day at local level is calcu-

lated as shown in Table 4-6:

Carbon emission by Lituo hub at local level in 2014 Table 4-6

Survey data	Type	Ratio(%)	Emission factor	Carbon emission kg CO_2
Distance	Subway	21.60	0	0
13.4km	Public bus	23.30	0.029732	4455.804019
Person	Taxi	25.50	0.1808	29654.0928
48000person/day	Private car	24.50	0.253421	39935.09486
Total				74044.99168

When volume increases to 48000 person/day, carbon emission is 74045kg CO_2. The baseline carbon emission per day at local level is shown in Table 4-7.

Baseline Carbon Emission by Lituo Hub at Local Level in 2014 Table 4-7

Survey data	Type	Ratio(%)	Emission factor	Carbon emission
Distance	Subway	20	0	0
12km	Public bus	16	0.029732	2403.297024
Person	Taxi	34	0.1808	31055.6544
42100person/day	Private car	30	0.253421	38408.48676
Total				71867.43818
48000person/day hour	—			81939

$$E^0 \text{ local} = 81939\text{kg } CO_2$$

Therefore, emission reduction per day at local level is:

$$ER_{\text{local}} = E^0_{\text{local}} - E'_{\text{local}} = 81939 - 74045 = 7894\text{kg } CO_2$$

2) At regional level

According to survey data, passengers who takes long/short distance bus, used to choose the following transport modes before the hub was operate: long/short distance bus 91.89%, taxi 2.58%, private car 7.73%, other 1.80%.

Therefore, according to Formula (3-7), emission reduction calculation is:

$$E_{\text{regional}} = 8529\text{kg } CO_2$$

$$E = E_{\text{local}} + E_{\text{regional}} = 16423\text{kg } CO_2$$

As calculated, total carbon emission in 2014 is 5995 tons of CO_2.

4.6 Emission Reduction Calculation for 2015

4.6.1 Result for Monitoring No. 1

According to survey result, monitoring data is shown in Table 4-8:

Monitoring data for Lituo hub in 2015 No. 1 — Table 4-8

Content		Item	Baseline	2015 Feb. 24-Mar. 2
Volume (person/day)		Changsha South Railway Station Volume (person/day)	48000	117500
		Lituo Bus Station Volume (person/day)	5056	6400
Local	Transport Share (%)	Subway	20	22.50
		Public bus	16	27.50
		Taxi	34	20
		Private car	30	23
		Walk	0	7
		Other	0	0.40
Regional	Share before hub (%)	Long/short distance bus	5056	90.60
		Taxi		2.60
		Private car		3.80
		Other		3.00

(Data source: site survey data in 2015 No. 1)

1) At local level

R_i: transport share No. i, in which subway 22.5%, public bus 27.5%, taxi 20%, private car 23%, walk 7%, other 0.4% (ignorable).

D_i: the average distance for type No. i, the average value from survey is 16 km.

Therefore, by the end of 2015 No. 1, carbon emission per day at local level is calculated as shown in Table 4-9.

When volume increases to 111100 person/day, emission reduction per day at local level:

$$E_{local} = E^0_{local} - E'_{local} = 252873 - 182422 = 70451 \text{kg } CO_2$$

Carbon emission by Lituo hub at local level in 2015 No. 1 Table 4-9

Survey data	Type	Ratio(%)	Emission factor	Carbon emission
Distance	Subway	22.50	0.06	23997.6
16km	Public bus	27.50	0.029732	14534.19088
Person	Taxi	20	0.1808	64278.016
111100person/day	Private car	23	0.253421	103610.669
Total	—	93.00	—	182422.8759
Baseline in 2015 No. 1				
Survey data	Type	Ratio(%)	Emission factor	Carbon emission
Distance	Subway	20	0.06	21331.2
16km	Public bus	16	0.029732	8456.256512
Person	Taxi	34	0.1808	109272.6272
111100person/day	Private car	30	0.253421	135144.3509
Total				252873.2346
Carbon emission reduction in 2015 No. 1				70450.3587

2) At regional level

According to survey data, passengers who takes long/short distance bus, used to choose before hub by: long/short distance bus 90.6%, taxi 2.6%, private car 3.8%, other 3%.

Therefore, emission reduction calculation is. As shown in Table 4-10..

Baseline Carbon emission by Lituo hub at local level in 2015 No. 1 Table 4-10

Survey data	Type	Ratio(%)	Emission factor	Unit emissions factor	Carbon emission reduction kg CO_2
Distance:156km	Public bus	—	0.019	—	—
Person:3200person/day	Taxi	2.60	0.1808	0.1618	2100.03456
	Private car	3.80	0.253421	0.234421	4446.872602
Carbon emission reduction in 2015 No. 1					6546.907162

$$E = E_{local} + E_{regional} = 76997 \text{kg } CO_2$$

4.6.2 Result for Monitoring No. 2

According to survey result, monitoring data is shown in Table 4-11:

Monitoring data for Lituo hub in 2015 No. 2 Table 4-11

Content		Item	Baseline	2015 May 30-Jun. 5
Volume (person/day)		Changsha South Railway Station Volume (person/day)	48000	60000
		Lituo Bus Station Volume (person/day)	5056	4800
Local	Transport Share (%)	Subway	20	24.70
		Public bus	16	30.50
		Taxi	34	17
		Private car	30	20
		Walk	0	7
		Other	0	0.40
Regional	Share before hub (%)	Long/short distance bus	5056	89.00
		Taxi		2.60
		Private car		3.90
		Other		4.50

(Data source: site survey data in 2015 No. 2)

1) At local level

R_i: transport share No. i, in which subway 24.7%, public bus 30.5%, taxi 17%, private car 20%, walk 7%, other 0.4% (ignorable).

D_i: the average distance for type No. i, the average value from survey is 16km.

Therefore, by the end of 2015 No. 2, carbon emission per day at local level is calculated as shown in Table 4-12:

Carbon emission by Lituo hub at local level in 2015 No. 2 Table 4-12

Survey data	Type	Ratio(%)	Emission factor	Carbon emission kg CO_2
Distance	Subway	24.70	0.06	13089.024
16km	Public bus	30.50	0.029732	8009.087232
Person	Taxi	17	0.1808	27146.0352
55200person/day	Private car	20	0.253421	44764.28544
Total				79919.40787

Continued

Baseline in 2015 No. 1				
Survey data	Type	Ratio(%)	Emission factor	Carbon emission
Distance	Subway	20	0.06	10598.4
16km	Public bus	16	0.029732	4201.488384
Person	Taxi	34	0.1808	54292.0704
55200person/day	Private car	30	0.253421	67146.42816
Total				125639.9869
Carbon emission reduction in 2015 No. 2				45720.57907

When volume increases to 55200 person/day, emission reduction per day at local level:

$$E_{\text{local}} = E^{0}_{\text{local}} - E'_{\text{local}} = 125639 - 79919 = 45720\text{kg } CO_2$$

2) At regional level

According to survey data, passengers who takes long/short distance bus, used to choose before hub by: long/short distance bus 89%, taxi 2.6%, private car 3.9%, other 4.5%.

Therefore, emission reduction calculation is:

According to Formula(3-7):

$$E_{\text{regional}} = 4999\text{kg } CO_2$$

$$E = E_{\text{local}} + E_{\text{regional}} = 50719\text{kg } CO_2$$

4.6.3 Result for Monitoring No. 3

According to survey result, monitoring data is shown in Table 4-13:

Monitoring data for Lituo hub in 2015 No. 3 Table 4-13

Content		Item	Baseline	2015 Sep. 1-Sep. 7
Volume (person/day)		Changsha South Railway Station Volume (person/day)	48000	117500
		Lituo Bus Station Volume (person/day)	5056	6400
Local	Transport Share (%)	Subway	20	22.50
		Public bus	16	27.50
		Taxi	34	20
		Private car	30	23
		Walk	0	7
		Other	0	0.40

Continued

Content		Item	Baseline	2015 Sep. 1-Sep. 7
Regional	Share before hub (%)	Long/short distance bus	5056	90.60
		Taxi		2.60
		Private car		3.80
		Other		3.00

(Data source: site survey data in 2015 No. 3)

1) At local level

D_i: the average distance for type No. i, the average value from survey is 16km.

Therefore, by the end of 2015 No. 3, carbon emission per day at local level is calculated as shown in Table 4-14:

Carbon emission by Lituo hub at local level in 2015 No. 3 Table 4-14

Survey data	Type	Ratio(%)	Emission factor	Carbon emission
Distance	Subway	26.50	0.06	24015.36
16km	Public bus	36.40	0.029732	16346.22546
Person	Taxi	13	0.1808	35500.4416
94400person/day	Private car	16.60	0.253421	63539.33501
Total				115386.0021
Baseline in 2015 No. 1				
Survey data	Type	Ratio(%)	Emission factor	Carbon emission
Distance	Subway	20	0.06	18124.8
16km	Public bus	16	0.029732	7185.154048
Person	Taxi	34	0.1808	92847.3088
94400person/day	Private car	30	0.253421	114830.1235
Total				214862.5864
Carbon emission reduction in 2015 No. 3				99476.58429

When volume increases to 94400person/day, emission reduction per day at local level:

$$E_{\text{local}} = E^0_{\text{local}} - E'_{\text{local}} = 214863 - 115386 = 99477\text{kg } CO_2$$

2) At regional level

According to survey data, passengers who takes long/short distance bus, used to choose before hub by: long/short distance bus 91%, taxi 2.8%, private car 4.2%, other 2%.

Therefore, emission reduction calculation is:

According to Formula(3-7):

$$E_{regional} = 7084\text{kg } CO_2$$
$$E = E_{local} + E_{regional} = 106561\text{kg } CO_2$$

4.6.4 Result for Monitoring No. 4

According to survey result, monitoring data is shown in Table 4-15:

Monitoring data for Lituo hub in 2015 No. 4 Table 4-15

Content		Item	Baseline	2015 Nov. 12-Nov. 18
Volume (person/day)		Changsha South Railway Station Volume (person/day)	48000	70000
		Lituo Bus Station Volume (person/day)	5056	4000
Local	Transport Share (%)	Subway	20	27.20
		Public bus	16	45.20
		Taxi	34	11
		Private car	30	14
		Walk	0	2
		Other	0	0.10
Regional	Share before hub (%)	Long/short distance bus	5056	90
		Taxi		3
		Private car		4
		Other		2.80

(Data source: site survey data in 2015 No. 4)

1) At local level

R_i: transport share No. i, in which subway 27.2%, public bus 45.2%, taxi 11%, private car 14%, walk 2%, other 0.1% (ignorable).

D_i: the average distance for type No. i, the average value from survey is 20 km.

Therefore, by the end of 2015 No. 4, carbon emission per day at local level is calculated as shown in Table 4-16.

When volume increases to 66000 person/day, emission reduction per day at local level:

$$E_{local} = E^0_{local} - E'_{local} = 187777 - 90823 = 96954\text{kg } CO_2$$

2) At regional level

According to survey data, passengers who takes long/short distance bus, used to choose before hub by: long/short distance bus 90%, taxi 3%, private car 4%, other 2.8%.

Carbon emission by Lituo hub at local level in 2015 No. 2 Table 4-16

Survey data	Type	Ratio(%)	Emission factor	Carbon emission
Distance	Subway	27.20	0.06	21542.4
20km	Public bus	45.20	0.029732	17739.30048
Person	Taxi	11	0.1808	26252.16
66000person/day	Private car	14	0.253421	46832.2008
Total				90823.66128
Baseline in 2015 No. 4				
Survey data	Type	Ratio(%)	Emission factor	Carbon emission
Distance	Subway	20	0.06	15840
20km	Public bus	16	0.029732	6279.3984
Person	Taxi	34	0.1808	81143.04
66000person/day	Private car	30	0.253421	100354.716
Total				187777.1544
Carbon emission reduction in 2015 No. 4				96953.49312

Therefore, emission reduction calculation is:

According to Formula(3-7):

$$E_{regional} = 5849\text{kg } CO_2$$

$$E = E_{local} + E_{regional} = 102803\text{kg } CO_2$$

4.6.5 Summary for 2015

According to survey result, monitoring data for Lituo hub in 2015 is shown in Table 4-17:

Basic data for Lituo Hub in 2015 Table 4-17

Content	Item	Baseline	2015 Feb. 24-Mar. 2 (Spring Festival)	2015 May. 30-Jun. 5 (Normal)	2015 Sep. 1-Sep. 7 (Summer Holiday)	2015 Nov. 12-Nov. 18 (Normal)
Volume (person/day)	Changsha South Railway Station Volume (person/day)	48000	117500	60000	117500	70000
	Lituo Bus Station Volume(person/day)	5056	6400	4800	6400	4000

Continued

Content		Item	Baseline	2015 Feb. 24-Mar. 2 (Spring Festival)	2015 May 30-Jun. 5 (Normal)	2015 Sep. 1-Sep. 7 (Summer Holiday)	2015 Nov. 12-Nov. 18 (Normal)
Local	Transport Share (%)	Subway	20	22.50	24.70	22.50	27.20
		Public bus	16	27.50	30.50	27.50	45.20
		Taxi	34	20	17	20	11
		Private car	30	23	20	23	14
		Walk	0	7	7	7	2
		Other	0	0.40	0.40	0.40	0.10
Regional	Share before hub (%)	Long/short distance bus	5056	90.60	89.00	90.60	90
		Taxi		2.60	2.60	2.60	3
		Private car		3.80	3.90	3.80	4
		Other		3.00	4.50	3.00	2.80
Cabon emission per day (kg CO_2)				76997	50719	106561	102803

According to survey, during 40 days' spring festival period, carbon emission reduction per day is 76997kg CO_2.

Total emission reduction during spring festival period is 76997 ×40 =3079891kg CO_2.

Total emission reduction during normal period is (50719 × 142 + 102803 × 143) = 21902927kg CO_2.

During 40 days' summer holiday period, carbon emission reduction per day is 106561kg CO_2.

Total emission reduction during summer holiday period 106561 ×40 =4262445kg CO_2

Total emissionreduction in 2015:

Sum of spring festival plus summer holiday plus normal period: 3079891 +21902927 + 4262445 =29245247kg CO_2.

i. e. 29245 tons of CO_2.

4.7 Emission Reduction Calculation for 2016

According to survey result, monitoring data is shown in Table 4-18.

1) At local level

R_i: transport share No. i, in which subway 29.1%, public bus 49%, taxi 8%, private

car 9%, walk 4.8%, other 0.1% (ignorable).

Monitoring data for Lituo hub in 2016 No. 1 — Table 4-18

Content		Item	Baseline	2016 Feb. 17-Feb. 25
Volume (person/day)		Changsha South Railway Station Volume (person/day)	48000	85000
		Lituo Bus Station Volume (person/day)	5056	6600
Local	Transport Share (%)	Subway	20	29.10
		Public bus	16	49
		Taxi	34	8
		Private car	30	9
		Walk	0	4.80
		Other	0	0.10
Regional	Share before hub (%)	Long/short distance bus	5056	89.00
		Taxi		3.30
		Private car		4.60
		Other		3.10

(Data source: site survey data in 2016 No. 1)

D_i: the average distance for type No. i, the average value from survey is 20km.

Therefore, by the end of 2016 No. 1, carbon emission per day at local level is calculated as shown in Table 4-19:

Carbon emission by Lituo hub at local level in 2016 No. 1 — Table 4-19

Survey data	Type	Ratio (%)	Emission factor	Carbon emission
Distance	Subway	29.10	0.06	27377.28
20km	Public bus	49	0.029732	22843.69024
Person	Taxi	8	0.1808	22679.552
78400person/day	Private car	9	0.253421	35762.77152
Total				81286.01376
Baseline in 2015 No. 1				
Survey data	Type	Ratio (%)	Emission factor	Carbon emission
Distance	Subway	20	0.06	18816
20km	Public bus	16	0.029732	7459.16416
Person	Taxi	34	0.1808	96388.096
78400person/day	Private car	30	0.253421	119209.2384
Total				223056.4986
Carbon emission reduction in 2016 No. 1				141770.4848

When volume increases to 78400 person/day, emission reduction per day at local level:

$$E_{local} = E^0_{local} - E'_{local} = 223056 - 81286 = 141770\text{kg } CO_2$$

2) At regional level

According to survey data, passengers who takes long/short distance bus, used to choose before hub by: long/short distance bus 89%, taxi 3.3%, private car 4.6%, other 3.1%.

Therefore, emission reduction calculation is:

According to Formula (3-7):

$$E_{regional} = 9737\text{kg } CO_2$$

$$E = E_{local} + E_{regional} = 151507\text{kg } CO_2$$

According to survey, during 40 days' spring festival period, carbon emission reduction per day is 151507kg CO_2.

Total emission reduction during spring festival period is 151507 × 40 = 6060281kg CO_2.

According to railway authorities, the prediction of Lituo hub average daily passenger volume in 2016 is 69959, as shown in Figure 4-4.

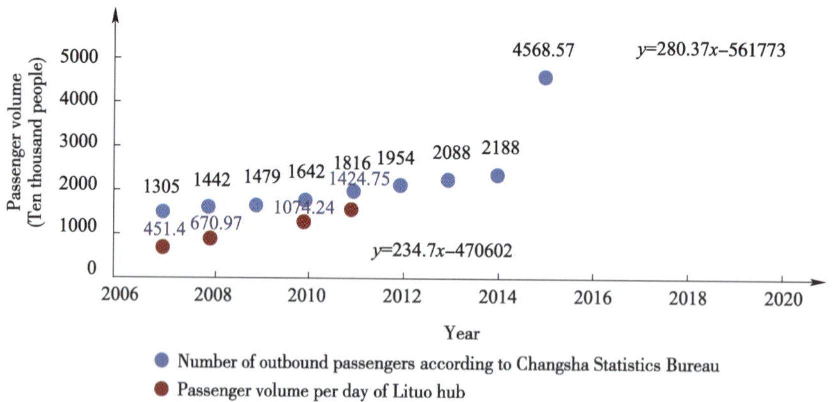

Figure 4-4 Prediction of Passenger volume for railways

As the number of passenger in this stage is 70000, the carbon emission is able to reflect general information throughout 2016. The emission reduction is 102802kg CO_2 in normal period.

Therefore, annual carbon emission in normal period is 102802 × 285 = 29298682kg CO_2.

The emission reduction during summer period 2016 will consider as the same parameter that is used in 2015.

Carbon emission at local level in 2015 is 99476kg CO_2 with 100000 passengers, while the prediction number in 2016 is 110000, and emission reduction is 66479 × 110000/100000 = 109424kg CO_2. Regional number in 2016 maintains the same as in 2015, i.e. 7085kg CO_2.

For 40 days' summer holiday, reduction per day is 109424 + 7085 = 116509kg CO_2.

Total emission reduction during summer holiday period in 2016 is 116509 × 40 = 4660351kg CO_2.

Total carbon emission reduction in 2016 will be:

Sum of spring festival plus summer holiday plus normal period: = 6060281 + 29298682 + 4660351 = 40019314kg CO_2.

Project carbon emission in 2016 is 40019 tons CO_2.

4.8 EE&ER Evaluation for Lituo Hub

4.8.1 Impact on Passenger Volume

During the whole survey period, passenger volume per day within Lituo hub is shown in Table 4-20, volume change is shown in Figure 4-5.

Lituo ITH starts operation since 2014, and the daily passenger increase from 48000 (baseline) to 110000 in 2016. Along with development of urban expanding, the passenger volume will continue to increase.

4.8.2 Impact on Transport Distance

The average travelling distance regarding Lituo hub is shown in Table 4-21 and Figure 4-6.

Along with city expanding, passenger volume will increase, and travelling distance will increase accordingly. From Figure 4-6, it is identified distance at local level is increased from 12km to 20km. This is because passengers in Lituo hub are mainly choose railway system. The regional distance is not too much changed during survey period.

4.8.3 Impact on Transportation Type

The transport share data of Lituo hub for 3 years is shown in Table 4-22.

As demonstrated in Figure 4-7, the public transport share increased from 15 of baseline to 50% at year 3. Thc subway share is also increased from 20% to 30%. Share of taxi and private car is decreased, from 34% and 30% of baseline to 8% at year 3, respectively. With development of ITH and urban expanding, the transport share of public will continue to increase. More and more people will choose a low-carbon travelling style.

Carbon emission by Lituo hub at local level in 2016 No. 1

Table 4-20

Content	Item	Baseline	Volume per day during 2014 summer	Volume per day during 2015 spring	Average volume during May-Jun. 2015	Average volume during summer 2015	Average volume during Nov. - Dec. 2015	Average volume in 2016 spring	Average volume in 2016 summer
Volume (Person/day)	Volume per day at South Railway	48000	57000	117500	60000	100000	70000	85000	110000
	Volume per day at Lituo bus station	7900	9000	6400	4800	5600	4000	6600	6000
	departure Volume per day at Lituo bus station	5056	5593	3200	2400	2800	2000	3300	3000

(Data source: feasibility study report and data provided by Hunan Longxiang Group)

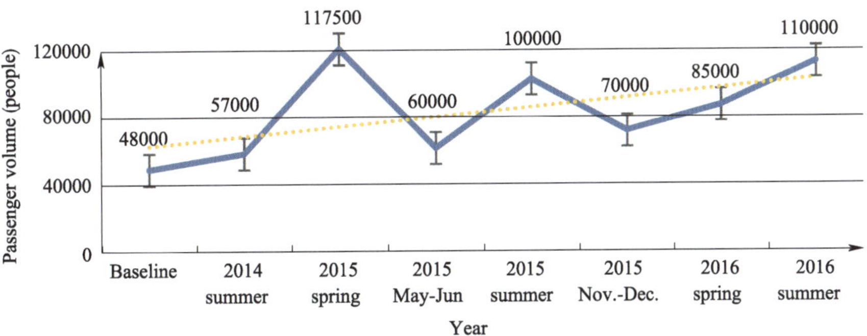

Figure 4-5 Passenger volume per day of Lituo hub

Average travelling distance regarding Lituo hub Table 4-21

Content	Baseline (km)	2014	2015 No. 1	2015 No. 2	2015 No. 3	2015 No. 4	2016 No. 1
Local	12.00	13.40	16.00	16.00	16.00	19.96	20.00
Regional	200.00	118.05	156.00	155.98	176.00	197.48	183.33

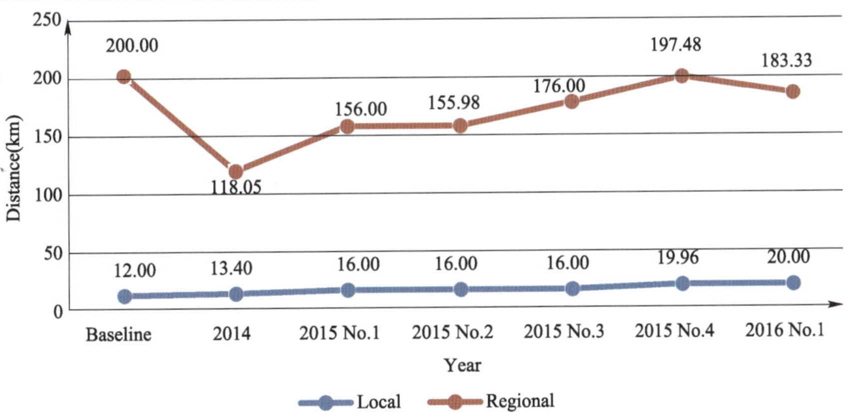

Figure 4-6 Average travelling distance regarding Lituo hub

Transport share data for Lituo hub Table 4-22

Content		Type	Base	Year 1	Year 1 No. 1	Year 2 No. 2	Year 2 No. 3	Year 2 No. 4	Year 3 No. 1
L	Share (%)	Subway	20	21.60	22.50	24.70	26.50	27.20	29.10
		Public bus	16	23.30	27.50	30.50	36.40	45.20	49
		Taxi	34	25.50	20	17	13	11	8
		Private car	30	24.50	23	20	16.60	14	9
		Walk	0	5	7	7	2.00	2	4.80
		Other	0	0.10	0.40	0.40	5	0.10	0.10

Continued

Content		Type	Base	Year 1	Year 1 No. 1	Year 2 No. 2	Year 2 No. 3	Year 2 No. 4	Year 3 No. 1
R	Share before hub (%)	Bus	5056	91.89	90.60	89.00	91.00	90	89.00
		Taxi		2.58	2.60	2.60	2.80	3	3.30
		Private car		3.73	3.80	3.90	4.20	4	4.60
		Other		1.80	3.00	4.50	2.00	2.80	3.10

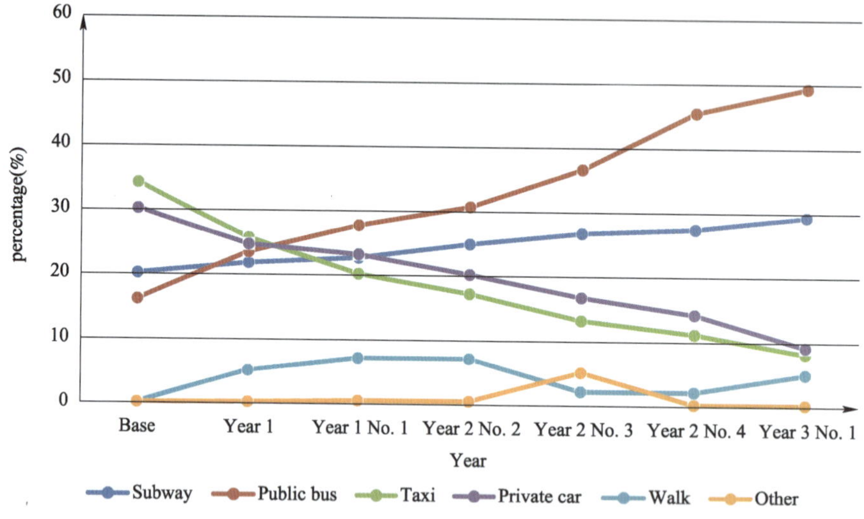

Figure 4-7 Share of different transport type

4.8.4 Summary of EE&ER Evaluation for Lituo Hub

According to survey result and statics data, based on EE&ER methodology, carbon emission reduction of Lituo hub in 2014 is 5995 tons CO_2, emission in 2015 is 29245 tons CO_2, emission in 3 years is 40019 tons CO_2, in indicated in Figure 4-8.

According to survey monitoring result in 2014, 2015 and 2016, the carbon emission reduction is increased year by year at Lituo hub. With urban and hub development, greater EE&ER outcome is expected to be achieved.

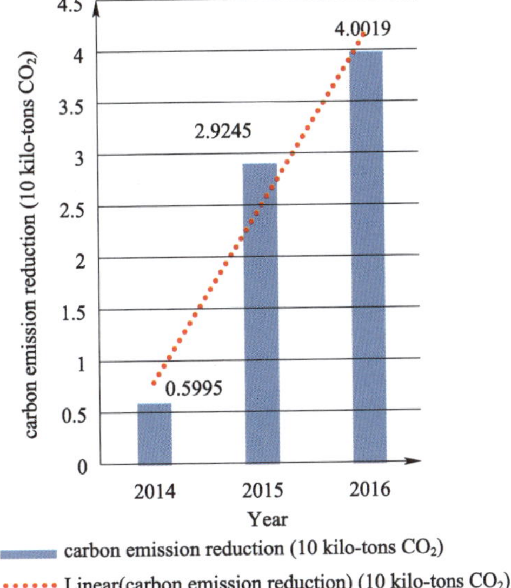

Figure 4-8 EE&ER evaluation for Lituo hub

Chapter 05

Case Study 2—EE&ER Evaluation for Xiangjiang Hub

Changsha Xiangjiang new district Integrated Transport Hub (Xiangjiang hub) is integration of transfer center, innovation and entrepreneurship center, commercial shopping center, cultural and entertainment center, information processing center and intelligent transportation demonstration center. The EE&ER outcome will influence the overall emission reduction tasks of Changsha City.

The expert team, through site survey, questionnaire and literature view, based on CDM methodology, conducts emission reduction evaluation for Xiangjiang hub. Due to limited operation period of Xiangjiang hub, only 2015 and 2015 are selected to conduct evaluation. The carbon emission reduction of Xiangjiang hub is 38775 tons CO_2 in 2015, and 53097 tons CO_2 in 2016.

5.1 Project Description

Changsha Xiangjiang junction station, with occupation area of 145300m^2, total construction area of 315000m^2 and total investment of CNY 30 billion (CNY 14 billion in traffic function).

The main design features of Xiangjiang junction station include: The Xiangjiang hub, as an internal and external transportation distributing centre and an important component of compound national highway transportation hub, is expected to be a sustainable hub with largest transfer volume, the concentrated transportation of a majority of bus routes, the key station of Metro Line 2, and a joint of other traffic measures. The Xiangjiang traffic junction, designed as a trial and demonstrative traffic junction with advanced traffic science and technology, shortens the transfer time by 5 min and distance of that by 60 m or less by integrating MRT, and urban buses (including buses with clean power); achieves rapid transportation in and out of province by connecting Changsha-Yiyang-Changde LRT and Hunan-Sichuan High-Speed Railway in the planning; ensures passengers obtain tickets on time, even quick air tickets, security check and boarding procedures in the hub by cellphones, the internet and the information service platform through application of ITS, 3G communication technology, Internet of Things technology, and achieves information processing and sharing among passengers, buses, the station and roads. The project also includes landmark building construction to develop an innovation and career incubation center as a platform with business creation, promotion and enjoyment for business travelers and elites, as well as a large shopping mall for residents nearby and business travelers for one-stop consumption.

Xiangjiang station as a transfer center of long- and short-distance passenger cars, urban public transportation and intercity railways. Xiangjiang station(Figure 5-1) present as an important joint to energy-conserving and environment-friendly integrated transportation system and compound hub in pilot area; and supports integrated transportation system in Changzhutan. The station, designed as a trial and demonstrative traffic junction with advanced traffic science and technology(Figure 5-2), serves as an integrated hub combining many traffic measures, and an important component and active business center in Pioneer Zone.

Figure 5-1 Design of Xiangjiang Hub

Figure 5-2 Demonstration of Xiangjiang Hub

5.2 Evaluation Period

Considering season, weather, holidays, annual evaluation is selected as main period. Xiangjiang hub starts operation since September 30 2015, therefore 7 days during spring festival and normal period are selected, in specific Table 5-1:

Survey schedule for Xiangjiang hub　　Table 5-1

Hub	Schedule	Period	Result
Xiangjiang	Nov. 12-18 2015	Normal	Monitoring Report
	Feb. 17-25 2016	Spring Festival	

5.3 Emission Baseline Calculation

Due to mixed mode of transport and commercial development of Xiangjiang hub, to be different with Lituo hub, baseline data is difficult to be obtained, such as transport share, average distance, etc. Therefore, relative data is obtained from feasibility study report.

Transport types of Xiangjiang hub at local level is shown in Table 5-2, and baseline information is listed in Table 5-3.

Main transportation modes of the hub　　Table 5-2

Category	Regional	Local				
Transportation Modes	Long or Short Distance Passenger Transportation	Public transportation	Subway	Taxi	Private car	Others
Xiangjiang Integrated Passenger Transfer Hub	√	√	√	√	√	√

Baseline information of Xiangjiang hub　　Table 5-3

Volume	Volume per day of Xiangjiang hub(person/day)	50640
	Disntance (km)	12
Share (%)	Subway	50
	Public bus	30
	Taxi	12
	Private car	8

(Data source: feasibility study report of Xiangjiang hub)

Passengers could be classified as 3 types according to Xiangjiang hub's situation:

(1) Arrival passenger Q_1.

(2) Departure passenger Q_2.

(3) Leaving-hub passenger Q_3.

Factors of emission: selected average speed as 22 km/hour. Other parameter is selected as indicated by Intergovernmental Panel on Climate Change (IPCC) instead of CDM. Table 4-4 shows in detail.

For Xiangjiang hub:

Local level:

Sum of passenger volume by different types:

$$Q_4 = Q_1 + Q_2 = 50640$$

Passenger volume of Xiangjiang hub at local level according to feasibility study report:

According to Formula(3-6):

$$\text{total volume } Q = Q_4 - Q_3 = 30640$$

R_i: transport share of type i, in which subway 50%, public bus 30%, taxi 12%, private car 8% (as per feasibility study report).

Carbon emission by different type:

According to Formula (3-5):

In which:

D_i is the average distance of No. i, the default value is 12km.

Carbon factor for different types:

$EF_{\text{public bus}} = 0.029732\text{kg } CO_2/\text{km}$

$EF_{\text{taxi}} = 0.1808\text{kg } CO_2/\text{km}$

$EF_{\text{private car}} = 0.253421\text{kg } CO_2/\text{km}$

$EF_{\text{other}} = 0.075\text{kg } CO_2/\text{km}$

$EF_{\text{subway}} = 0.06\text{kg } CO_2/\text{km}$

Therefore the baseline carbon emission of Xiangjiang hub is calculated in Table 5-4:

Baseline information of Xiangjiang hub Table 5-4

Carbon emission baseline				
Survey basis	Type	Ratio(%)	Emission factor	Carbon emission
Distance	Subway	50	0.06	18230.4
12km	Public bus	30	0.029732	5420.262528
people	Taxi	12	0.1808	13184.22528
50640person/day	Private car	8	0.253421	12319.90986
Total				49154.79767

5.4 Site Survey

Assigned by project research team, Hunan Longxiang Group conducted two survey at Xiangjiang hub lasting for 7 days during November 2015 to February 2016(Figure 5-3). A total of 3000 questionnaires were delivered.

Figure 5-3 Survey and questionnaire delivering at Xiangjiang hub

5.5 Emission Reduction Calculation for 2015&2016

After the questionnaires back, first of all, the project team will review questionnaire logic, select content completely and logical questionnaire, then each group questionnaire aggregated and statistically valid number of questionnaires, archive preservation.

Data entry using Excel database format to facilitate post-data processing. First, the frequency and the distance to different destinations each mode of transport. The data were analyzed using the weighted average method; calculate the percentage composition of different modes of transportation and per capita travel distance.

5.5.1 Result for Monitoring in 2015

According to survey result, monitoring data is shown in Table 5-5:

Monitoring data for Xiangjiang hub in 2015 Table 5-5

<table>
<tr><th colspan="2">Content</th><th>Item</th><th>Baseline</th><th>2015
Nov. 12-Nov. 18</th></tr>
<tr><td colspan="2" rowspan="2">Volume (person/day)</td><td>Volume of Xiangjiang hub (person/day)</td><td>50640</td><td>48000</td></tr>
<tr><td>Departure Volume of Xiangjiang hub (person/day)</td><td>25320</td><td>24000</td></tr>
<tr><td rowspan="6">Local</td><td rowspan="6">Transport Share (%)</td><td>Subway</td><td>50</td><td>50</td></tr>
<tr><td>Public bus</td><td>30</td><td>31</td></tr>
<tr><td>Taxi</td><td>12</td><td>10</td></tr>
<tr><td>Private car</td><td>8</td><td>7</td></tr>
<tr><td>Walk</td><td>0</td><td>2</td></tr>
<tr><td>Other</td><td>0</td><td>0</td></tr>
<tr><td rowspan="4">Regional</td><td rowspan="4">Share before hub (%)</td><td>Long/short distance bus</td><td rowspan="4">29000</td><td>90</td></tr>
<tr><td>Taxi</td><td>3</td></tr>
<tr><td>Private car</td><td>6</td></tr>
<tr><td>Other</td><td>1</td></tr>
</table>

1) At local level

Q: total volume, $Q = 24000$, according to Formula(3-5)&(3-6).

Therefore carbon emission reduction monitoring at local level is shown in Table 5-6:

Carbon emission by Xiangjiang hub at local level in 2015 Table 5-6

Survey data	Type	Ratio(%)	Emission factor	Carbon emission
Distance	Subway	50	0.06	14400
20km	Public bus	31	0.029732	4424.1216
Person	Taxi	10	0.1808	8678.4
24000person/day	Private car	7	0.253421	8514.9456
Total				21617.4672
Baseline in 2015				
Survey data	Type	Ratio(%)	Emission factor	Carbon emission
Distance	Subway	50	0.06	14400
20km	Public bus	30	0.029732	4281.408
Person	Taxi	12	0.1808	10414.08
24000person/day	Private car	8	0.253421	9731.3664
Total				24426.8544
Carbon emission reduction in 2015				2809.3872

When volume increases to 24000 person/day, emission reduction per day at local level:

$$E_{\text{local}} = E^{0}_{\text{local}} - E'_{\text{local}} = 24427 - 21617 = 2810\text{kg } CO_2$$

2) At regional level

According to survey data, before hub operation, a certain percentage of long/short distance bus passenger at hub used to choose various transport type to travel to destination, including long/short distance bus 90%, taxi 3%, private car 6%, and others 1% (such as train, etc.). The passenger volume per day is 24000 with travelling distance of 218.31 km.

Emission reduction calculation for Xiangjiang hub at regional level is calculated in Table 5-7:

Carbon emission by Xiangjiang hub at Regional level in 2015 Table 5-7

Carbon emission at regional level in 2015					
Survey basis	Type	Ratio(%)	Factor	Unit factor	Emission reduction kg CO_2
Distance: 218.31km	Bus	—	0.019	—	—
	Taxi	3	0.1808	0.1618	25432.24176
People: 24000person/day	Private car	6	0.253421	0.234421	77992.90753
Emission reduction in 2015					103425.1493

$$E_{\text{regional}} = 103425\text{kg } CO_2$$

$$E = E_{\text{local}} + E_{\text{regional}} = 106235\text{kg } CO_2$$

5

5.5.2 Result for Monitoring in 2016

According to survey result, monitoring data is shown in Table 5-8:

Monitoring data for Xiangjiang hub in 2016 Table 5-8

Content		Item	Baseline	2016 Feb. 17-Feb. 25
Volume (person/day)		Volume of Xiangjiang hub (person/day)	50640	54000
		Departure Volume of Xiangjiang hub (person/day)	25320	27000
Local	Transport Share (%)	Subway	50	51
		Public bus	30	34
		Taxi	12	8
		Private car	8	5
		Walk	0	2
		Other	0	0
Regional	Share before hub (%)	Long/short distance bus	29000	89.05
		Taxi		3.60
		Private car		6.35
		Other		1.00

1) At local level

Q: total volume, $Q = 27000$, according to Formula(3-5)&(3-6).

Therefore carbon emission reduction monitoring at local level is shown in Table 5-9:

Carbon emission by Xiangjiang hub at local level in 2016 Table 5-9

Survey data	Type	Ratio(%)	Emission factor	Carbon emission
Distance	Subway	50	0.06	16200
20km	Public bus	34	0.029732	5458.7952
Person	Taxi	8	0.1808	7810.56
24000person/day	Private car	5	0.253421	6842.367
Total				20111.7222
Baseline in 2015				
Survey data	Type	Ratio(%)	Emission factor	Carbon emission
Distance	Subway	50	0.06	16200
20km	Public bus	30	0.029732	4816.584
Person	Taxi	12	0.1808	11715.84
24000person/day	Private car	8	0.253421	10947.7872
Total				27480.2112
Carbon emission reduction in 2015				7368.489

When volume increases to 27000 person/day, emission reduction per day at local level:

$$E_{local} = E^0_{local} - E'_{local} = 27480 - 20111 = 7368 \text{kg } CO_2$$

2) At regional level

According to survey data, the transport share before hub is: long/short distance 89.05%, taxi 3.6%, private car 6.35%, other 1%, in which the passenger volume per day is 27000 with distance of 246.97km.

Emission reduction calculation for Xiangjiang hub at regional level is calculated in Table 5-10:

Carbon emission by Xiangjiang hub at Regional level in 2016 Table 5-10

Survey basis	Type	Ratio(%)	Factor	Unit factor	Emission reduction kg CO_2
Distance: 246.97km	Bus	—	0.019	—	—
	Taxi	4	0.1808	0.1618	38840.87311
People: 27000person/day	Private car	6	0.253421	0.234421	99260.89927
Emission reduction in 2016					138101.7724

$$E_{regional} = 138102 \text{kg } CO_2$$

$$E = E_{local} + E_{regional} = 145470 \text{kg } CO_2$$

5.5.3 Summary for 2015&2016

According to survey monitoring, the EE&ER information for 2015 and 2016 is listed in Table 5-11:

Carbon emission by Xiangjiang hub in 2015 and 2016 Table 5-11

Content		Item	Baseline	2015 Nov. 12-Nov. 18	2016 Feb. 17-Feb. 25
Volume (person/day)		Volume of Xiangjiang hub (person/day)	50640	48000	54000
		Departure Volume of Xiangjiang hub (person/day)	25320	24000	27000
Local	Transport Share (%)	Subway	50	50	51
		Public bus	30	31	34
		Taxi	12	10	8
		Private car	8	7	5
		Walk	0	2	2
		Other	0	0	0

Continued

Content		Item	Baseline	2015 Nov. 12-Nov. 18	2016 Feb. 17-Feb. 25
Regional	Share before hub (%)	Long/short distance bus	29000	90	89.05
		Taxi		3	3.60
		Private car		6	6.35
		Other		1	1.00
Emission per day kg CO_2				106234	145470

The survey result of average passenger volume per day of Xiangjiang hub is 24000. Therefore the average carbon emission reduction will be 106234kg CO_2 per day.

Total carbon emission reduction in 2015 is 106234 × 365 = 38775410kg CO_2.

The predicted passenger volume per day in 2016 of Xiangjiang hub is 27000, and carbon emission per day is 145470kg CO_2.

Total carbon emission reduction in 2016 is 145470 × 365 = 53096550kg CO_2.

5.6 EE&ER Evaluation for Xiangjiang Hub

5.6.1 Impact on Passenger Volume

The passenger volume per day of Xiangjiang hub is listed in Table 5-12, volume trend is demonstrated in Figure 5-4:

Passenger volume of Xiangjiang hub   Table 5-12

Content	Item	Baseline	Average volume during Nov.-Dec. 2015	Average volume during 2016 Spring Festival
Volume (person/day)	Volume per day at Xiangjiang hub	50640	48000	54000
	Departure Volume per day at Xiangjiang hub	25320	24000	27000

Passenger volume per day of Xiangjiang hub increases from 50640 of baseline level to 54000 in 2016. Due to short period time of operation of Xiangjiang hub, it is expected more volume will be achieved along with improved facilities and urban expanding.

5.6.2 Impact on Transport Distance

The average travelling distance within Xiangjiang hub is shown in Table 5-13 and Figure 5-5.

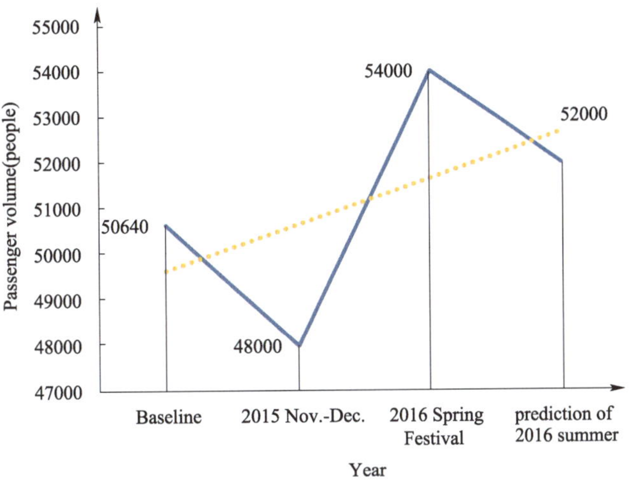

Figure 5-4 Passenger volume trend of Xiangjiang hub

Passenger average travelling distance of Xiangjiang hub Table 5-13

Content	Baseline distance(km)	2015	2016
Local level	12	20.00	20
Regional level	200	218.31	246.97

(Data source: feasibility study report)

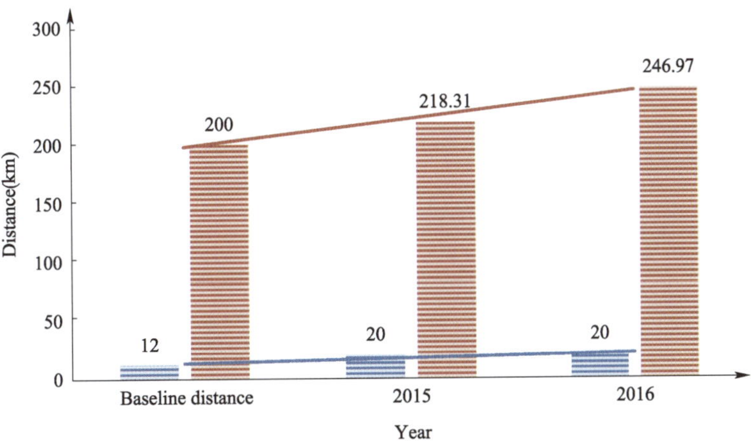

Figure 5-5 Passenger average travelling distance trend of Xiangjiang hub

Along with convenience and urban population, passenger average travelling distance increase as volume increases. From Figure 5-5, distance at local level increases from 12 km at

baseline level to 20 km. Distance at regional level reached 246.97 km for large scale of hub and number of passengers.

5.6.3 Impact on Transportation Type

Latest transport share of Xiangjiang hub is shown in Table 5-14:

Transport type share of Xiangjiang hub　　Table 5-14

Content		Type	Baseline	2015	2016
L	Share (%)	Subway	50	50	51
		Public bus	30	31	34
		Taxi	12	10	8
		Private car	8	7	5
		Walk	0	2	2
R	Share before hub (%)	Bus	—	90	89.05
		Taxi		3	3.60
		Private car		6	6.35
		Other		1	1.00

The share of public transport is increasing year by year as demonstrated in Figure 5-6. Subway share is quite stable with 50%; public bus share is increased to 34%; share of private car and taxi is decreased to 4%. Along with promotion public transport mode, as well as higher environmental protection willingness, the share of public transport is expected to be growing at a certain stable speed.

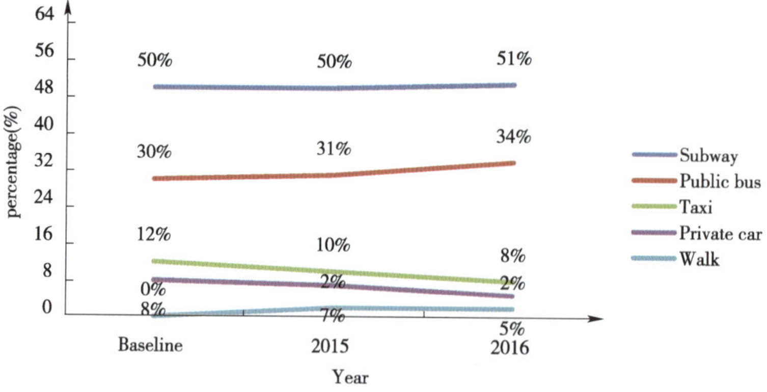

Figure 5-6　Transport type share of Xiangjiang hub

5.6.4 Summary of EE&ER Evaluation for Xiangjiang Hub

This chapter, based on survey monitoring data and methodology, evaluates EE&ER performance for Xiangjiang hub. Due to late operational starting date (2015 Sep. 30), not too much data are available but to predict on basis of current trend. It is estimated carbon emission reduction reaches 38775 tons CO_2 in 2015 and 53097 tons CO_2 in 2016. Along with promotion of EE&ER at hub, it is expected that much more EE&ER outcome will be eventually achieved.

Chapter 06

Recommendations on EE&ER for Hub

6.1 Apply Building Energy-saving Technologies

At present, passengers require higher comfort travelling environment. Considering complex function and huge volume of ITHs, low-carbon technologies are preferred to be applied, such as green energy-saving and intelligent building technologies, in specific:

(1) Install large-capacity photovoltaic devices on floor or roof.

(2) Apply new glass curtain wall system. The application of new glass curtain wall can improve building vision and comfort passengers, including smart glass walls and photovoltaic glass curtain wall system.

(3) Apply CCHP and solar power technology to achieve efficient energy utilization and recycling.

(4) Apply intelligent lighting systems, such LED, control sensors, etc.

(5) Apply low-flow water device that can significantly reduce water use.

(6) Apply water and rainwater recycling system.

(7) Apply garbage storage.

(8) Apply recycling of construction waste.

(9) Select building materials produced at local to reduce fossil fuels in the transport process.

6.2 Optimize Operation Structure

It is advised to improve vehicle structure to improve management structure at ITHs, such as update current vehicles, phase out energy-consuming, old and unsafety vehicles. It is also advised to prohibit vehicles engaged in operation if they cannot meet emission and pollutant standard. Meanwhile, it is important to promote energy-saving and environmental-friendly vehicles to improve the overall transport efficiency.

6.3 Promote TOD Mode

ITHs are usually emerged in cities with rapid economic development. This is a great op-

portunity to conduct TOD project with high potential benefit. With solid design and proper comprehensive development within and around station, space of commercial, travelling, living and transport shall be developed to create huge value. For 2 cases mentioned in this book, Liguo and Xianjiang hubs will be developed as social and economic center Chang-Zhu-Tan city cluster, and TOD mode will help make contribution.

Based on lesson learnt from international and national best practices, urban public transport system and land use integration is one of effective methods to reverse the trend of private car dependent. To achieve sustainable development of ITHs, it is advised to:

First, it is proposed to advocate green traffic specification guideline and establish urban intelligent transportation systems and model with support of pilot projects for BRT, road and subway, including BRT planning and implementation, road application of green lighting, rainwater collection, water reuse, metro planning and implementation, etc. In specific:

(1) Establish green traffic specification guidelines and standard.

(2) Establish hub intelligent transportation system and corresponding model.

(3) Conduct BRT demonstration projects.

Secondly, it is proposed to adopt compact and mixed land use and small scale street blocks, to further encourage passenger to use public transport. TOD elements are strongly recommend to be involved into design and planning. Therefore, mixed function of living zone will be formed, including work, shopping, culture, education, living and transport. Under such design, passengers would prefer bicycle, walk, and public transport instead of using private car or taxies.

Thirdly, it is proposed to develop sustainable financing plan. Land premium collection income will ensure smooth project progress. To apply TOD development, it is essential to ensure high passenger volume with support of culturing land developing demand.

Last, it is important to combine TOD and Transport Demand Management (TDM), especially on congestion charging, parking management and car-sharing. Based on international experience of developing TOD and TDM, it has been approved to be an efficient approach to EE&ER for ITHs.

6.4 Improve Infrastructure Construction

Currently, many ITHs face the problem of lacking of counterpart infrastructure, such as un-accomplished road around by hub, un-finished expansion of main road, poor road condi-

tion, un-operating subways, etc. Once ITHs have been established, passenger volume will be increased dramatically. However, poor counterpart transport system around would be a great challenge for sustainable development of ITHs.

Enhancing capacity of counterpart transport system and facilities, would not only increase the ITHs stability, but also enhance traffic convenience, improve travel convenience and increase transport efficiency, thus to achieve emission reduction target.

6.5 Enhance Transfer Smooth Level within Hub

One of important function of ITHs is to promote integrated development at regional level, such as city cluster. A huge ITHs would involve passengers from railway, air, road and tram. To enhance transfer efficiency and saving passengers' time, it is important to enhance transfer smooth level within hub. The objective of zero transfer shall be considered as future development direction.

6.6 Strengthen Operational Management Level

The construction and development of ITHs include hardware and software contribution. Both aspects shall be considered and applied in proper manner to achieve ultimate objective. It is proposed to establish integrated passenger transport hub management organizations, develop mature transport system, achieved high level of coordination during transferring, develop all-pass ticket system, build operating information systems, etc.

6.7 Increase Passenger Transfer Efficiency

Efficiently organizing passenger flow line would facilitate passengers traveling and transferring. Based on survey and study on Liguo and Xiangjiang hubs, it is proposed to optimize hub design and facilities as followings:

(1) Improve passenger flow line structure, including improving continuity and smooth level in transfer process to ensure compact and smooth transferring.

(2) Design transfer channel rationally to shorten distance and time during transferring.

Unreasonable passenger flow line would cause congestion at some point and lower transfer efficiency.

(3) Design proper passenger flow guidance to avoid mixed flow. A single-way and organized flow would increase transfer efficiency, and would also shorten transfer distance among taxi, public bus, subway and railway stations, thus contribute to EE&ER of ITHs.

Chapter

07

Inspiration and Vision for EE&ER Evaluation

This book, based on international best practice and survey findings of Lituo and Xiangjiang hubs, focuses on principle, technical framework and methodology of EE&ER evaluation of two hubs, and concludes the EE&ER evaluation results. The output of this study contributes to improvement and optimization of ITHs design and operation. It is advised to continue conduct emission monitoring at regular time for hubs and come to evaluation conclusion.

However, due to objective limitations, some information would influence the accuracy of evaluation result. The future inspiration and vision are also proposed as follows.

7.1 Objective Limitation for Evaluation

This research is the first that focusing on EE&ER evaluation for ITHs. Due to limited time and lack of experience, some limitations exist in this study. It is necessary to mention the following objective limitations:

1) Limitation of data source

Data applied in this report is mainly referenced from Statics Year Book and official website, and some data are provided by local government and authorities. It is difficult to ensure the accuracy of data source since a fusion data set is applied. Therefore, the evaluation result concluded may not reflect the accurate fact in Lituo and Xiangjiang hubs.

The time period of study cannot cover the whole construction and early-operation period of hubs, which leads to a result of insufficient data collection that may influence study conclusion.

Generally speaking, passenger volume or related number needs a certain period to become stable, e. g. ten years or longer. The period applied in this study is relative short and it will cause unstable result.

2) Limitation of EE&ER Calculating Model and Methodology

Based on transport share and other data derived, the EE&ER evaluation result has limitation for less parameter. Besides, using 7days passenger volume to predict the whole period or even the year may cause deviation between calculation and actual condition.

3) Limitation of study capacity

Due to limited study capacity of expert team, this project conduct analysis and evaluation based on current data prediction and available methodology. The evaluation result concluded is lack of further proven by existed other case. The conclusion, therefore, may contain biased information or partially inaccurate data.

The expert team is relative young with less experience, and the case is the first evaluation project on carbon emission reduction with no successful prior experience.

Based on limit ations above, the research conclusion and result still needs to be further improved.

7.2 Inspiration and Vision for Nest-step Study

ITH is a complex and huge system, so that many factors would influence passengers' intention to travel. It is proposed to focus on the following area for further study:

(1) Study on successful experience of developed countries, including model of influence by integrated transport hub to passengers, principle and methodology of EE&ER evaluation on hubs, especially on fine analysis of passenger travelling factors.

(2) Conduct data collection research, including data type, quality control on reliability, comparability, factor coverage and accessibility.

(3) Conduct parameter study under China's certain condition, including carbon emission factors for each type of vehicle, in order to obtain proper data that suits' China's actual situation.

Appendix Questionnaire

Questionnaire No. 1: For departure passengers within city

Sample Time: Weather: Staff:

1. By which transportation type do you arrive at this hub?

(1) Taxi☐ (2) Private Car☐ (3) Public Bus☐ (4) Subway☐

(5) on Foot☐ (6) Other☐

2. Your departing site: ________, with distance from here ________.

3. By whichtransportation type did you use before this hub?

(1) Taxi☐ (2) Private Car☐ (3) Public Bus☐ (4) Subway☐

(5) on Foot☐ (6) Other☐

4. Your age?

(1) Younger than 18☐ (2) 18-45☐

(3) 45-60☐ (4) Ager than 60☐

5. Your income per month?

(1) 2000 Yuan and below☐ (2) 2000-4000 Yuan☐

(3) 4000-6000 Yuan☐ (4) 6000 Yuan and above☐

6. Your purpose by transport?

(1) Work☐ (2) School☐ (3) Home☐ (4) Shopping☐

(5) Travelling☐ (6) Other☐

Thank you for your support.

Note: Survey location: Station Lobby Survey number: 500

Questionnaire No. 2: For arrival passengers within city

Sample Time: Weather: Staff:

1. By which transportation type do you leave this hub?

(1) Taxi☐ (2) Private Car☐ (3) Public Bus☐ (4) Subway☐

(5) on Foot☐ (6) Other☐

2. Your arrival site:__________, with distance from here __________.

3. By whichtransportation type did you use before this hub?

(1) Taxi☐ (2) Private Car☐ (3) Public Bus☐ (4) Subway☐

(5) on Foot☐ (6) Other☐

4. Your age?

(1) Younger than 18☐ (2) 18-45☐

(3) 45-60☐ (4) Ager than 60☐

5. Your income per month?

(1) 2000 Yuan and below☐ (2) 2000-4000 Yuan☐

(3) 4000-6000 Yuan☐ (4) 6000 Yuan and above☐

6. Your purpose by transport?

(1) Work☐ (2) School☐ (3) Home☐ (4) Shopping☐

(5) Travelling☐ (6) Other☐

Thank you for your support.

Note: Survey location: Station Lobby Survey number: 500

Questionnaire No. 3: For inter-city passengers by bus

Sample Time: Weather: Staff:

1. Your departing site:__________, with distance from here __________.

2. By which transportation type did you use to go to destination?

(1) Taxi☐ (2) Private Car☐ (3) Bus☐

(4) High Speed Railway☐ (5) Other☐

3. Your age?

(1) Younger than 18☐ (2) 18-45☐

(3) 45-60☐ (4) Ager than 60☐

4. Your income per month?

(1) 2000 Yuan and below☐ (2) 2000-4000 Yuan☐

(3) 4000-6000 Yuan☐ (4) 6000 Yuan and above☐

5. Your purpose by transport?

(1) Work☐ (2) School☐ (3) Home☐ (4) Shopping☐

(5) Travelling☐ (6) Other☐

Thank you for your support.

Note: Survey Location: Bus Entry Survey number: 800.

References

[1] Global Carbon Project (GCP). Global Carbon Budget Report in 2015[R]. December 2015.

[2] United Nations Framework Convention for Climate Change. Kyoto Protocol[R]. December 1997.

[3] American Public Transportation Association(APTA). 2014 Annual Report[R]. March 2014.

[4] US Green Building Council (USGBC). Leadership in Energy and Environmental Design (LEED)[R]. March 2000.

[5] China Agenda 21st Management Center, Tsinghua University. CDM Methodology Guideline [M]. Beijing: Social Sciences Academic Press, 2005.

[6] Xu Xibao, Chen Shuang, Yang Guishan. Features and Impacts of Carbon Emission Patterns for Resident Trips at Yangtze River Delta Area[J]. Resources and Environment in the Yangtze Basin, 2014, 23(8): 1064-1071.

[7] State Council. Overall Urban Planning for Changsha City(2003-2020)(2010 Version). May 2011.

Book Index

(Sort in the order by letters)

Baseline model ······ 23

Carbon emission ······ 19

Emission reduction model ······ 23

Geothermal system ······ 14

Glass curtain ······ 68

Green traffic specification guideline ······ 69

Greenhouse gas ······ 33

Greywater/Storm water reuse ······ 14

Integrated transport hub ······ 3

Leadership in Energy and Environmental Design ······ 11

Local level ······ 4

Low flow water supply ······ 16

Monitoring technical framework ······ 4

Natural lighting ······ 14

Natural ventilation ······ 14

Operation structure ······ 68

Photovoltaic devices ······ 68

Recycling ······ 14

Regional level ······ 4

Sample survey ······ 26
Semi-open-air design ······ 12
Steel and glass structure ······ 9
Transfer mode ······ 22
Transit-Oriented Development ······ 6
Transport Demand Management ······ 69
Travel distance ······ 24
Vertical transfer ······ 8